U0155947

本书受北京印刷学院
"国家级一流专业——编辑出版学专业建设"
经费资助

版籍叢録

孙壮 著

叶新 周雷 郑凌峰 整理

西苑出版社
XIYUAN PUBLISHING HOUSE

·北京·

图书在版编目（CIP）数据

版籍丛录 / 孙壮著；叶新，周雷雷，郑凌峰整理

. -- 北京：西苑出版社，2022.8

ISBN 978-7-5151-0831-5

Ⅰ.①版… Ⅱ.①孙…②叶…③周…④郑… Ⅲ.

①雕版印刷－印刷史－中国－古代 Ⅳ.①TS8-092

中国版本图书馆CIP数据核字(2022)第143776号

版籍丛录
BAN JI CONG LU

策 划 编 辑	赵　晖	
责 任 编 辑	樊　颖	
装 帧 设 计	蒙研祎	
责 任 印 制	陈爱华	
出 版 发 行	西苑出版社	
地　　　址	北京市朝阳区和平街11区37号楼　邮政编码：100013	
电　　　话	010-88636419	
印　　　刷	三河市嘉科万达彩色印刷有限公司	
开　　　本	787mm×1092mm 1/32	
字　　　数	110千字	
印　　　张	6	
版　　　次	2022年8月第1版	
印　　　次	2022年8月第1次印刷	
书　　　号	ISBN 978-7-5151-0831-5	
定　　　价	46.80元	

（图书如有缺漏页、错页、残破等质量问题，请与出版社联系）

孙壮（1879-1943）

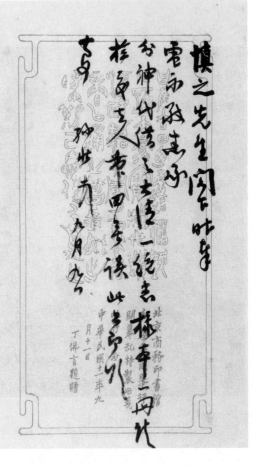

孙壮求借《大清一统志》样本致卢弼手札

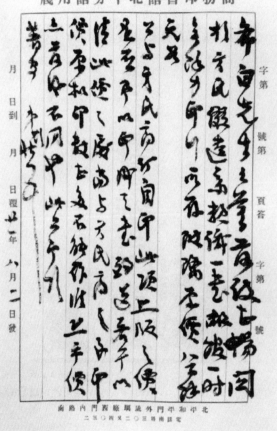

北平和平門外流璃廠西門內路南　電話南局三〇二叉四〇五二

孙壮　行草书札

MONVMENTA SERICA

華

裔

學

志

VOL. I   1935-1936

CVRA VNIVERSITATIS CATHOLICÆ PEKINI EDITA
SVMPTIBVS HENRICI VETCH

孙壮 《华裔学志》题字

孙壮 《石言馆印草》题签

孙壮 《石言馆印草》题字

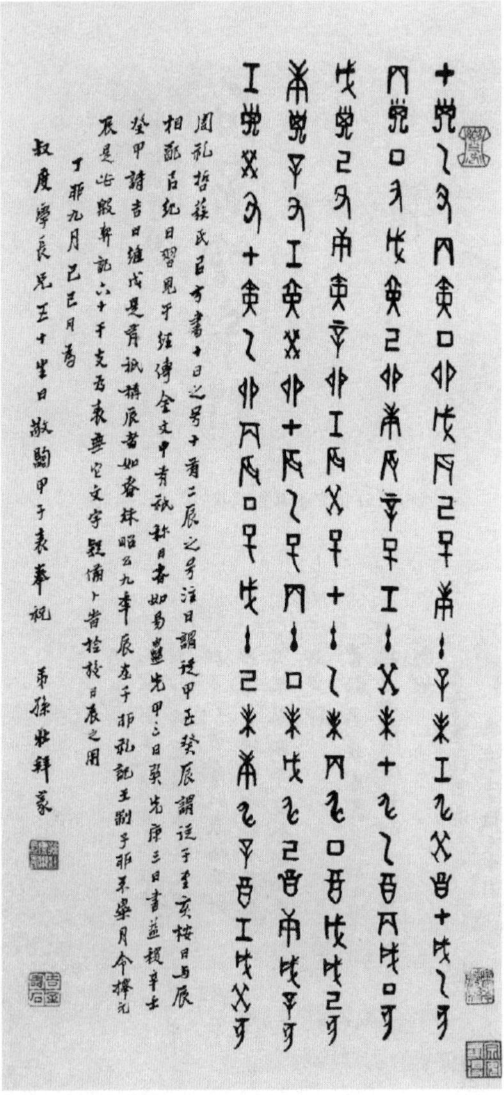

孙壮　甲骨文条幅

孙壮　《集拓新出汉魏石经残字》题字

商务印书馆北平分馆

前 言

孙壮（1879—1943）[①]，字伯恒，号雪园，直隶大兴（今北京大兴）人。晚清国子监学生，肄业同文馆、京师大学堂。1906年，孙壮出任商务印书馆北京分馆经理。孙壮早年经历，毛锐子《孙伯恒传》（见本书附录三）言之已详，可见其不惟饱学好古，性格更是急公好义。1931年8月长江水患，北平图书馆于9月19日举办赈灾展览会，翌日天津《大公报》报道《北平图书馆赈灾展览会盛况》云："商务印书馆北平分馆经理孙伯恒复以其所陈列之《周易义海撮要》《研幾图》《周易说翼》等十数种悉数出售，即以售价全部委托该馆代汇灾区，作为赈款云。"此事可见孙壮性格之一斑。

[①] 周斌、朱洪举主编《中国近现代书法家辞典》（浙江人民出版社2009年12月版，页203）载其生卒年为1879—1938。按《张元济全集》第四卷收录《挽孙伯恒》组诗（商务印书馆2008年12月版，页115），有自注云："前日伍君昭扆下世，今君又继之。"《申报》载伍光建（字昭扆）逝世于1943年6月10日，则孙壮约于1943年6月中下旬逝世。

自入职商务印书馆以来，孙壮与张元济在工作上配合照应，往来密切。曾于1909—1911年为上海商务印书馆编译所采购古籍，以及联系商借名家藏书照相石印[①]；又于1916年撰写介绍信，向张元济推荐茅盾入职商务印书馆编译所[②]；又于1925年为总馆拟承印《四库全书》事[③]，前往京师图书馆清点图书，计划运至上海影印[④]；又于1941年总馆编辑出版《孤本元明杂剧》期间，应张元

[①]　相关信札见《张元济全集》第一卷，商务印书馆2007年9月版，页500—508。

[②]　茅盾：《我走过的道路》，人民文学出版社1997年12月版，页114。

[③]　袁同礼、向达《选印〈四库全书〉平议》谓："最近（引按：1933年）教育部令委中央图书馆筹备处筹备选印《四库全书》，承印者为上海商务印书馆……民十二上海商务印书馆承印《四库》，已有成约，因政治关系，功亏一篑。民十四之一次，亦因故中止。"（参见《袁同礼文集》，国家图书馆出版社2010年6月版，页219）可知1923年、1925年、1933年，商务印书馆皆有承印《四库全书》事，孙壮接洽借印业务，或不止1925年一次。

[④]　按京师图书馆馆员俞泽箴1925年10月15日日记："归馆，在扁担胡同遇森玉（引按：徐森玉，时任京师图书馆主任），知馆中《四库》书定明日发运赴沪，已派任父、照亭、寅斋（引按：分别是李耀南、金守渝、吴德亮，均为京师图书馆馆员）经理发书事。"10月16日日记："商务印书馆孙伯恒、李拔可（引按：李宣龚，字拔可，供职商务印书馆）来查点《四库》，预备装箱。森玉亦来。"（转引自孙玉蓉：《徐森玉先生与京师图书馆——以俞泽箴日记资料为中心》，原载于《文献》2021年9月第5期）。

济委托前往协和医院探望参与校订工作的王季烈[①]。

孙壮出身收藏世家，曾辑印叔祖孙汝梅（号春山）《读雪斋印存》《读雪斋印遗》，个人藏品辑为《雪园藏印》《北平孙氏雪园藏器》（后者由商承祚辑印）行世，又辑印陈宝琛藏品为《澂秋馆吉金图》，为方焕经撰《宝楚斋藏器图释》，与马衡同辑《集拓新出汉魏石经残字》。此外，孙壮时常在中国画学研究会主办刊物《艺林旬刊》（后改为《艺林月刊》）、北平国剧学会主办刊物《国剧画报》等上披露藏品照片，间附自撰题跋。1921年，孙壮与易孺、周康元等在北京成立书画艺术同好会"冰社"，任秘书长，可见孙壮对于书法艺术颇有心得[②]。孙壮在金石学以外的著述如《北京风土记》《古泉考略》《版籍丛录》《永乐大典考》等亦有价值，然不如金石学措意为多，且未汇编刊行，故流传不广，影响也小。

《版籍丛录》是孙壮在版刻学领域的代表性著作，连载于北平《都市教育》月刊第9—12（以上1915年）、13、15—24（以上1916年）、27、29、31—35（以上

[①] 相关信札见《校订元明杂剧事往来信札》第六册，商务印书馆2018年1月版。

[②] 鲁迅1933年2月5日致郑振铎信讨论编印《北平笺谱》事云："不知先生有意于此否？因在地域上，实为最便，且孙伯恒先生当能相助也。"惟不知孙壮曾为《北平笺谱》编印作出何种具体贡献。

1917 年）、37—39（以上 1918 年）各期。此著体例系以抄纂排比文献资料为主，并标注出处；间下按语，并以"杂录"别之。

在《版籍丛录》连载的同时，任职于上海商务印书馆编译所的孙毓修所撰的《中国雕版印书源流考》（即《中国雕板源流考》前身）也在总馆《图书汇报》上连载，孙壮在写作过程中对此连载本参考、征引颇多，例如"金石古刻"一节之小序及前三条，即全从《中国雕版印书源流考》"金石刻"一节中抄出，而正式改定成书的《中国雕板源流考》则未收"金石刻"一节；又如"雕板区别"一节开头引孙毓修凡三条（第三条为暗引），前两条"五季以还，《释文》继雕于开宝，《易》《书》重梓于祥符。……故述官监诸刻，而家塾、坊贾，亦所不遗"，"隋唐板片，用金用木，今不可考矣。……此亦雕板中不可不知者，故并及焉"皆见于连载本《中国雕版印书源流考》，前者见于《中国雕版印书源流考》总序，后者见于该著"雕板"一节按语，这两则都未收录在《中国雕板源流考》中。

除了直接引用孙毓修的论述，《版籍丛录》引用的史料也多有从《中国雕版印书源流考》中转引者，例如"镂板原始"一节引用"叶全宗《石林燕语》引柳玭《训序》

云："'中和三年在蜀，阅书肆所鬻书，率雕本。'"一条，即转引自《中国雕版印书源流考》"雕版"一节，《石林燕语》作者为叶梦得，而叶梦得并无"叶全宗"别名，此节《中国雕版印书源流考》已误，《版籍丛录》承之；又如"雕板区别"一节引用黎庶昌撰"影宋蜀大字本《尔雅》跋"，检《拙尊园丛稿》卷六，此篇属《刻古逸丛书叙》，因此以题作"影宋蜀大字本《尔雅》叙"为宜，而《中国雕版印书源流考》"监本"一节引正作"影宋蜀大字本《尔雅》跋"，可见此处《版籍丛录》当是转引《中国雕版印书源流考》而沿此误题。

　　《版籍丛录》虽有转引《中国雕版印书源流考》而沿误者，亦有参考或转引但加以订正的部分，例如《中国雕版印书源流考》"雕版"一节引罗振玉《敦煌石室书目》有"太平兴国五年翻雕大隋永陀罗尼经残本"，此处孙毓修将"大隋"理解为朝代名，"永陀罗尼经"理解为经名，因此得出隋代已有雕版印刷的错误结论（《中国雕板源流考》仍沿此误）；孙壮虽未明确否定雕版印刷起于隋代说，但《版籍丛录》"镂板原始"一节引《敦煌石室书目》则作"太平兴国五年翻雕《大隋求陀罗尼经》残本"，将"永"改作"求"，是正文字，而"隋"与"随"通，所谓"大隋求"即"大随求"，为随心所求之意①。可知孙毓修的说法难以成立，后来张元济《宝礼堂宋本书录序》谓雕版印刷"昉于晚唐，沿及五代，至南北宋而极盛"②，已订正孙毓修的误说。

《版籍丛录》虽沿用《中国雕版印书源流考》的部分不少，但也颇有新获，如《中国雕版印书源流考》征引《天禄琳琅》《楹书隅录》《善本书室藏书志》等公私藏书目录，每以考证版刻史实为主，不偏重胪列诸家著录；《版籍丛录》"雕板区别"一节则多移录《天禄琳琅》《楹书隅录》《善本书室藏书志》等书所载旧本牌记以为大观，又广加征引别家目录或专书如《拜经楼藏书题跋记》《铁琴铜剑楼藏书目录》《藏书纪事诗》等③。按1909年张元济曾致信孙壮委托其在京采购公私藏书目录若干种：

伯恒仁兄大人阁下：昨奉手示，内论及购书事，容查

---

① 丁福保《佛学大辞典》"随求陀罗尼"条："随求者，随众生之求愿而成就之意，由陀罗尼之效验而名之者。"上海书店出版社2015年1月版，页2693。

② 张元济：《序》，见潘祖荫撰、潘宗周编：《滂喜斋藏书记 宝礼堂宋本书录》，柳向春、佘彦焱点校，吴格审定，中华书局2021年2月版，页169。

③ 孙毓修撰稿本《藏书丛话》亦多有取材自前述诸种公私藏书目录者，殆孙毓修对于孙壮《版籍丛录》或曾有所参考。

明再复。兹有各种书目，开列于后，祈觅购转编译所账并告。《楹书隅录》正续八册，光绪甲午，山东聊城杨氏刻于京师。《浙江采进遗书总录》、《季沧苇藏书目》、叶氏《菉竹堂书目》、昆山徐氏《传是楼书目》、潘文勤刻《士礼居题跋》、吴兔床《拜经楼藏书题跋记》、《艺芸精舍宋元书籍目》[①]、《述古堂书目》、《文瑞楼书目》、《汲古阁书目》、《天禄琳琅》。此书恐价昂，示知再定。馀事续布，祗请台安。弟张元济顿首，五月廿九日。[②]

尽管目前不能确知此次委托采购成绩如何，但可见张元济彼时已对诸家藏书目录颇为重视。而此札提及的《楹书隅录》《士礼居藏书题跋记》《拜经楼藏书题跋记》《天禄琳琅》等书，亦于孙毓修、孙壮的版刻学著述中屡见征引，可以推想约略在此前后，一南一北两位孙氏也对名家藏书目录有所注意。

此外，孙毓修《中国雕版印书源流考》"监本"一节论及清代武英殿刻书，有一条按语：

毓修案：武英殿刻书，未知始于何时。今考《御定全

---

①　书名当作《艺芸书社宋元本书目》。
②　《张元济全集》第一卷，页500。

唐诗》及《历代诗馀》皆刊于康熙四十五六年，而何义门在康熙四十二年已拜兼武英殿纂修之命，则其事当不始于乾隆。今考《东华录正续》，乾隆朝在武英殿开雕书籍，见诸谕旨者：三年雕《十三经注疏》；四年《明史》雕成，续雕《廿一史》，十二年上之，凡装六十五函；十年雕《明纪纲目》；十一年雕《国语解》；十二年雕《三通》；四十八年雕《相台五经》。《武英殿丛书》，详见活字本。《啸亭杂录》："列圣万几之暇，博览经史，爰命儒臣选择简编，亲为裁定，颁行儒官，以为士子模范。"今按《皇朝通考》及刘锦藻《皇朝续通考·艺文志》所载，当时钦定御制书名，凡经类二十六部，史类六十五部，子类三十六部，集类二十部，凡一百四十七部，大半镂版于内府。中如《西清续鉴》《宁寿宫鉴》①藏稿未刊，《天禄琳琅》刊于湖南书局，《全唐文》刊于扬州，其馀不能悉知也。古今刻书之多，未有若胜朝者也。古香斋袖珍本十种，当亦于武英殿雕造。

《版籍丛录》"雕板区别"一节援引"孙星如云"云云，即此段按语，并按论述重点拆成两条。孙壮复于该一节之末叙述清末武英殿版之沦落情景：

---

① 书名当作《宁寿古鉴》，一作《宁寿鉴古》，孙壮《版籍丛录》转引此条时已更正。

清初武英殿版书籍，精妙迈前代[①]，版片皆存贮殿旁空屋中。积年既久，不常印刷，遂为人盗卖无数。光绪初年，南皮张文襄之洞官翰林时，拟集赀奏请印刷，以广流传，人谓之曰："公将兴大狱耶？是物久已不完矣，一经发觉，凡历任殿差者，皆将获咎，是革数百人职矣，乌乎可？"文襄乃止。殿旁馀屋即为实录馆，供事盘踞其中，一屋宿五六人至三四人不等，以便早晚赴馆就近也。宿于斯，食于斯，冬日炭不足，则劈殿板围炉焉。又有窃版出，刮去两面之字，而售于厂肆刻字店，每版易京当十泉四千。合制钱四百。版皆红枣木，厚寸许，经二百年无裂痕。当年不知费几许金钱而成之者，乃陆续毁于若辈之手，哀哉！

此节未标识出处，笔者辗转检索亦不能得，恐系孙壮所亲闻见者。其后供职上海商务印书馆编译所的徐珂纂辑《清稗类钞》，于"工艺类"下设有"武英殿刻书"一条：

武英殿刻书，未能确定其开始之时，御定《全唐诗》及《历代诗馀》皆刊于康熙丙戌、丁亥，而何义门在康熙癸亥已拜兼武英殿纂修之命，则其事当不始于乾隆。乾隆朝，在武英殿开雕书籍见诸谕旨者，戊午，雕《十三经注

---

①　"迈"字原脱，据徐珂《清稗类钞》补，详参后文。

疏》；己未，《明史》雕成，续雕《二十一史》，丁卯上之，凡装六十五函；乙丑，雕《明纪纲目》；丙寅，雕《国语解》；丁卯，雕《三通》；癸卯，雕《相台五经》。盖列圣万几之暇，博览经史，爰命儒臣选择简编，亲为裁定，颁行儒官，以为士子模范。当时钦定、御制书名，凡经类二十六部，史类六十五部，子类三十六部，集类二十部，凡一百四十七部，大半镂版于内府。中如《西清续鉴》《宁寿宫鉴》藏稿未刊，《天禄琳琅》刊于湖南书局，《全唐文》刊于扬州，其馀不能悉知也。历代朝廷刻书之多，未有若是者也。古香斋袖珍本十种，当亦于武英殿雕造。

殿版精妙迈前代，版片悉红枣木，皆贮殿旁空屋，厚寸许，无裂痕。光绪初，张文襄公之洞官翰林时，将集资奏请印刷，或谓之曰："是物久不完矣，一旦发觉，凡历充殿差者，皆获咎，是将兴大狱也，乌乎可？"乃止。实录馆与之相近，馆中供事即就殿旁馀屋以居，冬日则劈板以围炉。又有窃板而去其字，以售于厂肆者。[①]

其内容与孙毓修按语和孙壮此条重合，惟行文较为俭省，殆据两位孙氏之作撮要敷衍而成。又孙毓修、孙壮两

---

① 徐珂：《清稗类钞》，中华书局 2010 年 1 月版，第五册，页 2401—2402。

著皆征引孙庆增《藏书纪要》，虽可见《藏书纪要》内容翔实丰赡，然两家但仅节引而已；徐珂乃于"鉴赏类"下设"孙石芝论藏书之要"一条，不惮烦劳抄录《藏书纪要》全文[①]，这可能与徐珂阅读两位孙氏的著作或与两位孙氏直接交流有关。由此推想，徐珂纂著《清稗类钞》或受孙毓修、孙壮等商务印书馆同僚的启发和助益不少。

此次整理《版籍丛录》，即据北平《都市教育》月刊连载本录入。该刊排校相对粗疏，错讹累累；又孙壮撰写此著当是信笔挥洒，发刊前或倩人誊录而未经著者审定，或刊物编辑径据手稿排校，因此其中多有"台""召"、"之""三"、"言""书"、"又""文"、"印""即"、"行""野"、"法""清"等因草书字形而互讹的情况；此外，《版籍丛录》承袭《中国雕版印书源流考》处甚多，故不免沿误。不论致误之因如何，对于应当订正的误字、衍字均以"（ ）"标识，并以"〔 〕"标识拟补正的字，以昭审慎。

孙壮另有《永乐大典考》一文，原载于1929年4月《北平北海图书馆月刊》第二卷第三、四号合刊，此文与袁同礼《永乐大典考》等侧重考察现存本问题的写法不同，更

---

① 徐珂：《清稗类钞》，中华书局2010年1月版，第九册，页4198—4209。

偏重将《永乐大典》牵涉诸问题分门别类，并纂录史料以备参考，与《版籍丛录》的写法相似。此次整理，即一并收录此文，置于附录一。

《版籍丛录》称引时贤著作，除孙毓修《中国雕版印书源流考》外，要以黄节《版籍考》（连载于《国粹学报》第四十七、四十九期）为最多。《版籍考》虽然篇幅较短，且有大半篇幅讨论历代石经，小半篇幅叙述雕版印刷，仅在末尾略及活字印刷，以今日眼光看来不免畸轻畸重。然而黄节此文实为开风气之作，对孙毓修、孙壮皆有启发。此次整理，即收录黄节《版籍考》，置于附录二。

此外，毛锐子撰有《孙伯恒传》，对孙壮早年尤其是入职商务印书馆之前的经历叙述颇详；孙壮去世后，张元济有《挽孙伯恒》组诗。上述两篇，可备孙壮生平事迹之参考，故分别置于附录三、附录四。

本书整理工作得到张元济先生文孙张人凤先生、孙壮先生文孙孙旭升先生的鼎力支持，特此致谢。

整理者谨记

（郑凌峰执笔）

2022 年 8 月

目 录

版籍叢錄　　　　　　伯恆雜錄

總論

謙帛紙筆似非木書所宜及遲隨和因而成故不能令紙筆而專論雕板也

上古結繩而治三帝以來始有簡策以竹爲之而書以漆或用版以鉛畫之故有刀筆鉛槧之說秦漢末用縑帛如勝廣書帛內魚腹高祖書帛射城上至中世漸用紙趙武傳所謂赫蹏者註云薄小紙然其實亦縑帛蔡論傳用縑帛者謂之紙縑貴簡重不便於人倫乃用木屑麻皮等則古之紙即縑帛字蓋從糸云故今人呼書曰冊子取簡冊之義又曰第幾卷言用縑素也江南竹簡處州作籙版尚弩古制盧仝詩云首云諫議送書至白絹斜封三道印豈唐人又曾用絹封書耶　雲麓漫鈔

古者以縑帛依書長短隨事載之名曰幡紙故其字從糸至後漢黃門蔡倫造意剡故布擣沙雜用樹皮魚網作紙又其字從巾即今之帋字也然則中國用紙去上古未遠實爲文學發達之助而況不律又居紙之先乎古今注云今之筆不論以竹以木但能染墨成字卽謂之筆秦吞六國滅前代之美故蒙恬得稱於時蒙恬造筆卽秦筆耳以枯木爲管麻皮爲柱羊毛爲被所謂蒼毫也影管赤漆耳史官記事用之則不律之造匪自秦時而始矣

附錄

馮小逸論中國文學　五

总　论

缣帛纸笔，似非本书所宜及，然匪纸笔无以达文字，文字虽美，匪剞劂罔克宣及遐陬。相因而成，故不能舍纸笔而专论雕板也。

上古结绳而治，二帝以来，始有简策，以竹为之，而书以漆，或用版以铅画之，故有刀笔铅椠之说。秦汉末，用缣帛，如胜、广书帛内鱼腹，高祖书帛射城上。至中世渐用纸，《赵（武）〔后〕传》所谓"赫蹏"者，注云"薄小纸"，然其实亦缣帛。《蔡伦传》："用缣帛者谓之纸。缣贵，简重，不便于人，伦乃用木（屑）〔肤〕、麻皮等。"则古之纸即缣帛，字盖从糸云。故今人呼书曰"册子"，取简册之义；又曰"第几卷"，言用缣素也。江南竹简，处州作椠版，尚仿佛古制。卢仝诗云："首云谏议送书至，白绢斜封三道印。"岂唐人又曾用绢封书耶？《云麓漫钞》。

古者以缣帛依书长短，随事截之，名曰"幡纸"，故其字从糸。至后汉黄门蔡伦造意，剉故布捣沙，杂用树皮、鱼网作纸，又其字从"巾"，即今之"帋"字也。然则中国用纸，去上古未远，实为文学发达之助，而况不律又更居纸之先乎？《古今注》云："（今）〔古〕之笔[①]，不论以竹以木，但能染墨成字，即谓之笔。秦吞六国，灭前代之美，故蒙恬得称于时。蒙恬造笔，即秦笔耳，以枯木为管，（麻皮）〔鹿毛〕为柱，羊毛为被，所谓'苍毫'也。"彤管，赤漆耳，史官记事用之。则不律之造，匪自秦时而始矣。马小进《论中国文学》。

至于刴劂，当先于纸笔，据傅毅《琴赋》云："〔命〕离娄使布绳，施公输之刴劂，遂雕琢而成器，揆神农之初制。"是其证矣。同上。

中国始以文字著书传后，莫备于《尚书》，盖在西人纪元前二千五百年。若太昊十言之教，《左传·定公四年》正义引《易》云："伏（義）〔羲〕作十言之教。"神农伤害之禁，《群书治要·六韬·虎韬篇》引神农之禁。则在纪元前三千年矣。《三坟书》及《王子年拾遗记》所引诗歌皆伪托，今不具征。其时必有记录之法，以代印刷，年世绵渺，不可得而言。三代之时，方册聿兴，汗青以起，盖截竹为简，而漆字其上，谓之"简册"。《书序》正义引顾氏（日）〔曰〕："策长二尺四寸，（筒）〔简〕长一尺二寸。"《聘礼》疏引郑君《论语序》："《易》《诗》

---

① "古之笔"，《版籍丛录》及马小进《世界文学谈·世界文学之一：中国》均误作"今之笔"，据《古今注》改。

《书》《礼》《乐》《春秋》，皆二尺四寸。《孝经》谦半之，《论语》八寸策者，三分居一，又谦焉。"其（判）〔制〕如此。秦汉之际，竹帛兼施，班《志》所云"某书几篇"者，竹书也；"某书几卷"者，帛书也。其后庶业萌兴，简书不易，而盛行笔札矣。鲁共王坏孔子宅，得《尚书》《论语》《孝经》，皆竹简本。卫宏得《尚书》竹简。不準人于魏安釐王（篆）〔冢〕得《周书》《穆天子传》《魏国史记》，今《竹书纪年》。此为中国最古之本，今不可复得。漆简之法，等于雕镂，虽未闻模印，而实为金石刻之先导。孙毓修《中国雕版印书源流考》。

我国西汉之初，读书者多赖传写，有路温舒者，牧羊蒲泽，取蒲草组织成席，借《尚书》抄而读之。公羊弘氏年五十馀，为人牧豕于寒竹林中，乃以刀削竹青，借《春秋》抄而读之。其抄录之法，以火针烫字其上，日制数节，颇为费时。既不便于披（觉）〔览〕，又难以垂久。逮至两汉始，有缣纸之造。后汉蔡伦始以树皮、败麻制洁白之纸，秦之蒙恬造笔，汉隃糜之地遂发明墨，从此文字传流渐广。杂录。

版籍丛录目录[①]

总　论

金石古刻

---

① 　此为拟目，与正式成稿分篇略有不同。

金石古刻

金石刻本，似非本书所宜及，然实木刻之先导，不可废也，故首列之。

红岩开摩崖之风，鸿都为墨简之祖。知我先民，固从刻石之方，因省雕木之理。隋经唐典，虽作过眼之烟（金）〔云〕；石（宝）〔室〕海岛，犹见当年之行〔款〕。故首述石版，而木版次之。

今传世之岣嵝禹碑、比干铜盘，其刻皆用阴文。印章起于秦，独用反文，而金石刻非为摹印之用，故皆正文也。

以人群进化阶级言之，则刻石当在刻金之先。第周秦刻石，大半摩崖，缣素未盛，末由椎拓。至汉灵帝熹平四年，命蔡邕写刻石经，树之鸿都，一时车马阗溢，矜为创举，摹拓而归，可成卷帙，则有公诸同好，行之久远〔之意〕，而益与雕版之事接近矣。唐人已能造版，而犹刻《（于）〔干〕禄字书》《阴符经》《千字文》于石，则以去古〔未〕（逮）〔远〕，椎轮大辂，人心未忘，以为木不如石之不朽，故复效之。犹今之铅印、石印行，而雕版之法仍不废耳。孙毓修《中国雕版印书源流考》。

罗叔蕴君跋秦瓦量范云："此量乃潍县陈氏藏，以前金石家所未见。文字精绝，每行二字，每四字做一阳文范，合十范而印成全文。每范四周必见方廓，视此知古代刻字之术发明甚早。古金石文有阴款，（省）〔有〕阳识，皆作范而铸成之，款之隆起者用阴范识之，凹下者则用阳范，此等之范本即雕版之滥觞。又（加）〔如〕近代所出龟卜，以刀笔刻文字于上。及金石货之石范、石鼓文之刻石，均为三代已有雕字之明证，且不但有阴刻，且有阳刻也。此量亦阳范，故印成阴文。近人考中国经（范）〔籍〕雕板始于五代，（可）〔不〕知三代时已有雕字也。"

汉熹平四年，（诒）〔诏〕诸儒正五经文字，议郎蔡邕书丹，刻石于（右）〔太〕学门外。此石经所自昉，亦刊版术之始基。于是碑帖刊行日广，然印刷术、雕板术大发明家究在何时代，虽未得确证，信其在隋唐之世必已见端。杂录。

新篁张叔未丈藏有古铜一片，上楷书反刻"《易》奇而法，《诗》正而葩，《春秋》谨严，《左氏》浮夸"十六字，凡四行，四字为一行，未翁（顯）〔题〕为"书范"，有自跋云："此初刊书时凿铜为式，以颁示匠者之物也。韩文始镌于孟蜀，欧阳子《书后》云：'文字刻画，颇精于今（今）世行本。'则此为孟蜀敕刊《韩集》时镌铜为式可知也。"《东湖丛记》。

徐籀庄《蜀椠韩文范跋》云:"铜版方二寸,厚四(寸)分,凿阳文反书四行,行四字,曰:'《易》奇而法,《诗》正而葩。《春秋》谨严,《左氏》浮夸。'嘉兴张叔未考唐末孟蜀版刻书籍,此则颁示刻工之范。欧阳文忠《书旧本韩文后》云:'《集》本出于蜀,文字刻画颇精于今世俗本。'可证也。"按《春秋》《左氏》固不当列《易》《诗》之前,然此四语虽序廖莹中世绿堂原刻本,亦已先《春秋》《左氏》于《易》《诗》,固知廖氏所据,亦即欧阳子所讥为世俗本,而孟蜀原刻在南宋时已不及见矣。今读韩文者,鲜有致疑于此,见此片铜,如见昌黎序列经典(直)〔真〕笔。沈树镛《韵初氏拓本考》。

尝见骨董肆古铜方二三寸,刻《选》诗或杜诗、韩文二三句,字形反,不知何用。识者曰:"此名'书范',宋太宗初年颁行天下刻书之式。"蔡澄《鸡窗丛话》。

韩文铜范"《易》奇而法,《诗》正而葩。《春秋》谨严,《左氏》浮夸"四行,张廷济云:"此初刻板本时,官颁是器,以为雕刻模范。考韩文始镌于蜀,则此固当是蜀主所命椠凿者。今蜀刻石经,间遇墨本数纸,好事者已矜为至宝,况为梨枣之初祖乎?鲍丈以文、宋丈之山、翁丈海琛,俱定为书范。鲍丈云:'审此文字,惟大宋、小宋家所刻之版,字画方得如此精好。'宋丈今春过余斋,手题是匣云'蜀椠韩文范'。"鲍昌熙《金石屑》。

板籍之兴，第一期则为刊石。刊石始自汉之一字石经。后汉熹平四年，蔡邕以经籍去圣久远，文字多谬，俗儒穿凿，疑误后学，奏求正定《六经》文字，灵帝许之。邕乃自书丹于碑，使工镌刻，立于太学门外。于是后儒晚学，咸取正焉。碑始立，观视及摹写者，车乘日千馀两，填塞街陌。此为刊石之始。其碑高一丈，广四尺，凡七十三碑，至晋而残毁已多。陆机《洛阳记》云："《书》《易》《公羊》廿八碑，其十二毁；《论语》三碑，其二毁；《礼记》十五碑皆毁。"自后魏徙之（业）〔邺〕，隋徙之长安，唐初石之亡者十九，而拓本犹存。《隋·经籍志》云："一字石经《周易》一卷、《尚书》六卷、《鲁诗》六卷、《仪礼》九卷、《春秋》一卷、《公羊传》九卷、《论语》一卷。"泊元时尚有存者，黄溍亦尝见之。及本朝乾隆时，黄易复得拓本一百廿七字，是为汉石经之仅存于今者。黄节《版籍考》。

三字石经，乃刊于魏正始中，具古、篆、隶（之）〔三〕体。戴延之《西征记》云："国子堂前有刻碑，南北行，三十五板，表里书《春秋》《尚书》二部，大篆、隶、科斗三种字，碑长八尺。今有十八版存，馀皆崩。太学前石碑四十版，亦表里隶书《尚书》《周易》《公羊传》《礼记》四部，石质觕，多崩败。"则三字石经自晋后已多残缺，迨隋时而拓本所存《尚书》九卷、《春秋》三卷，至唐而只存《尚书》古篆三卷、《左传》古篆十二卷，至宋而残碑散失，或以为砧，或毁诸火。此魏之版籍其见诸刊石刊者可考也。《版籍考》。

晋裴（颜）〔頠〕为国子祭酒，奏修国学，刻石写经，则晋时亦有刊石。迨王弥、刘曜入洛，石经残毁凌夷。至于后魏，冯熙、常伯夫相继为洛州刺史，取之以建浮图精舍，遂使吉金贞石，颓落芜灭。神龟之初，崔光奏请明帝料阅碑牒所失，次第缮修补缀，竟不能行。石经既毁，典籍益以讹谬。同上。

唐开成初，郑覃奏请召宿儒奥学，校定（亦）〔六〕籍，准汉故事，立石太学。而丧乱之后，师法寖失，立石数十年后，名儒皆不之窥，以为芜累。盖其时所刊石者，《易》九卷、《书》十三卷、《诗》二十卷、《周礼》十卷、《仪礼》十七卷、《礼记》二十卷、《春秋左氏传》三十卷、《公羊传》十卷、《穀梁传》十卷、《论语》十卷、《孝经》一卷、《尔雅》二卷，都计《九经》并《孝经》《论语》《尔雅》《字样》等，综六十五万二百五十二字，然而讹谬窜脱之文且千百。顾炎武尝作《（石）〔九〕经误字》以正之，可考见也。同上。

五季之乱，孟氏保有剑南，百度草创，取《易》《书》《诗》《春秋》《礼记》《周礼》刊石，以资学者，世谓之后蜀石经。宋晁公武（当）〔尝〕取后唐长兴镂板本校之，凡经文不同者三百二科，传注不同者不可胜记。公武又谓："石本多误，而板本亦难尽（臣）〔从〕。"故公武有《石经考异》，以校经文之不同者，同时张敩有《石经注文考异》，以校注文之不同者。至于刊石与镂板，方有所雠校，虽然，（石）〔在〕公武之世，亦只可辨其异同，而不敢决其正伪。仝上。

宋仁宗命国子监取《诗》《书》《易》《周礼》《礼记》《春秋》《孝经》刊石两楹，一行篆字，一行真字，是为宋刻石经。南渡之乱，荡然无存。然自唐而宋，刊石之异同寖多，莫衷一是。宋初以长兴板本为正，颁布天下，谓唐刻石本弗精，收（而）〔向〕日民间所用刻石本，因是板本中有舛误者，无由参校。虽知其谬，犹以为官既刊定，难以独改。仝上。

考古之士，视汉石经有如异宝，故屋壁所藏，残编断刻，收拾无遗。于是胡元质得一字石经四千二百七十字，得三字石经八百一十九字，镵石锦官之西楼。洪适辑《（录辨）〔隶释〕》，以所得汉石经《尚书》《仪礼》《公羊》《论语》千九百馀字，镌之会稽蓬莱阁中，凡八石。苏望得（亲）〔魏〕三体石经《左氏传》拓本，取其完好者刻之，凡八百一十九字，是为私家刻石之始。仝上。

南渡而后，高宗写《周易》《尚（言）〔書〕》《毛诗》《春秋》《左传》全帙，又节《礼记·中庸》《儒行》《大学》《经解》《学记》五篇，刊石成均，谓之御书石经。蒙古南下，（潞）〔临〕安不守，完颜氏用元僧杨琏真伽之言，将取御书石经诸碑为浮图台，杭州推官申屠远力争而止，然由是而诸碑残缺。逮有明正德之季，巡按御史吴讷收拾遗佚，得《易》八碑，《书》七碑，《诗》十碑，《春秋》四十八碑，《论》《孟》《中庸》十九碑，（從）〔徙〕置之棂星门北。崇祯甲申国变，则《易》亡其六碑，《书》亡其一碑，其埋（设）〔没〕于荆棘中者，不可复起矣。

石经自宋而后，传写益歧，考古者不复有异同之辨，第尽其书法而已。至明而刊石乃有伪本，则嘉靖间所传之魏正始石经《大学》也。考其书出自丰坊家，继海盐郑晓从黄相卿宅得其书，大为之表章。洎万历时，唐伯元遽疏请颁布学官，以易天下学者所习朱子章句本。其书不分章节，讹谬甚多。中略。板籍至于石刻，可谓繁重，而（重）〔异〕同错出，讹窜乘之，后乃极于伪托。士生千载以后，读镂板书，其变换字诂、窜改章节，庸知得免。盖不俟活板行用，而文字固已多事矣。《版籍考》。

传写时代 附历代精钞

古人抄书，俱用黄纸，后因诏诰用黄色纸，遂易以白纸。宋元人抄本用册式，而非汉唐时卷轴矣。其记跋校对，极其精细，笔墨行款，皆生动可爱。明人抄本，各家美恶不一，然必有用之书，或有不同常本之处，亦皆录而藏之，然须细心绅绎，乃知其美也。《藏书纪要》。

藏经都宋人书，亦有沿唐讳缺笔者，如"愍"偏旁"民"字缺末笔。余居京师，尝以一本赠翁覃溪学士，学士赋诗为报云："愍字尚沿唐讳笔，我尝（证以）〔以证〕宋椠书。"〔张〕燕昌《金粟笺〔说〕》。

大凡书籍，安得尽有宋刻而读之？无宋刻则旧抄贵矣，旧抄而出名家所藏，则尤贵矣。黄荛夫语。

藏书家因宋椠流传世间者多孤本，不易传久，故有互相影抄之法。其精好者，实有远过雕本之处，以抄手皆文雅士也。杂录。

宋元人集以宋元刊本为佳，无明刊者以旧抄本为佳。
沅叔语。

宋人抄本最少，字画墨气古雅，纸色罗纹旧式，方为真本。若宋纸而非宋字、宋跋，宋款而非宋纸，即系伪本。或字样、纸色、墨气无一不真，而图章不是宋镌，印色不旧，割补凑成，新旧相错，终非善本。元人抄本亦然。常见古人稿本，字虽草率，而笔法高雅，纸墨、图章色色俱真，自当为希世之宝。宋元人抄本，较之宋刻（字）〔本〕而更难也。《藏书纪要》。

明人抄本，吴门朱性甫、钱叔宝、子允治手抄本最富，后归钱牧翁。（绎）〔绛〕云焚后，仅一二矣。吴宽、柳（令）〔金〕、吴岫、孙岫、太仓（壬）〔王〕元美、崑山叶文庄、连江陈氏、嘉兴项子京、虞山赵清常、洞庭叶石君诸家抄本，俱好而多，但要完全校正题跋者，方为珍重。王雅宜、文待诏、陆师道、徐髯翁、（视）〔祝〕京兆、沈石田、王质、王稺登、史鉴、邢参、杨仪、杨循吉、彭年、陈眉公、李日华、顾元庆、都穆、俞贞木、董文敏、赵（孔）〔凡〕夫、文三桥、湖州沈氏、宁波范氏、吴氏、金陵焦氏、桑悦、孙西川，皆有抄本甚精。新抄，冯已〔苍〕、冯定远、毛子晋、马人伯、陆敕先、钱遵王、毛斧季各家，俱从好底本抄录。惟汲古阁印宋精抄，古今绝作，字画纸张，乌丝图章，追摹宋刻，为近世无有。能继其作者，所抄甚少。至于前朝内阁抄本，生员写校者为上，《文苑英华》《太平广记》《太平御览》《百官考传》《皇明实录》等书大部者，必须嘉、隆抄本方可，若内监本、南北监抄本，皆恶滥不堪，非所贵也。《藏书纪要》。

余见叶石君抄本，校对精严，可称尽美。钱遵（之）〔王〕抄录书籍，装饰虽华，固不及汲古之多而精、石君之校而备也。《藏书纪要》。

吴匏庵抄本，用红印格，其手书者佳。吴岫、孙岫抄用绿印格，甚有奇书，惜不多见。叶文庄抄本，用绿墨二色格，校对有跋者少，未校对草率者多，间有无刻本者，亦精。至于《杨诚斋集》《周益公集》《各朝实录》《北（监）〔盟〕会编》《校正文苑英华》等书，虽大部，难以精抄，亦不可忽，但须校正无讹，不遗漏为要耳。大凡新抄书籍，已属平常，又弗校正，难言善也。凡书之无处寻觅者，其书少，必当另抄底本，因无刻本故也。《藏书纪要》。

毛晋遇有宋本不易购得者，则选善手、佳纸墨影钞之，与刊（布）〔本〕无异，名曰"〔影〕宋抄"。于是一时好事家皆争仿效，以资鉴赏，而宋椠之无存者，赖以传之不朽。《周易辑闻》跋。

《白獭髓》："（行都）绍兴间，〔行都〕有三市井人好（读）〔谈〕古今，谓戚彦、樊屠、尹昌也。彦乃皇城司快行，屠乃市肉，昌乃佣书。有无名人赋诗曰：'戚彦樊屠尹昌时，三人共坐说兵机。欲问此书出何典，昔时曾看王与之。'按：与之乃说书史人。"

虞山孙二者，写书根最精，一手持书，一手写小楷，极工。今日罕有能者。《藏书纪要》。

黄荛圃之阍人张泰，工书抄，有《（日）〔得〕月楼书目》《传是楼宋板书目》，《姚少监文集》五卷影写宋刻，《孙尚书大全文集》残本卅三卷，又用旧纸影写以活字本《蔡中郎集》。《士礼居题跋记》。

《神机制敌太（伯）〔白〕阴经》十卷末六行云："秘阁楷书臣罗士良写，御书祗候臣钱承颙勘，入内黄门臣张永和、朱允中监，入内之侍高班内（只）〔品〕臣谭元吉、赵诚信监。"疑是宋元内府抄本。

敦煌石室发见卷子、写本甚夥。清光绪丁未，有英法人前往，搜获十馀巨箧，内多四部古本，皆残阙不完者，魏唐人写佛经尤多。前学部闻而电达该省士吏，收运京师，藏之图书馆。有太安四年、永安元年、大梁贞明六年、大周广顺八年、长安三年、大隋大业十一年、开元六年、贞观三年等时写经。

吴絅斋识安西州牧命阳侯真甫葆文得写经三卷，其一卷为北周建德二年正月所写《大般若经》，末有"清信弟子大都督吐知动明写经"及题识六行，吐知五代，北旋一千三百四十年，纸本完好无缺，良可宝也。

镂版原始

陆〔深〕《河汾燕闲录》："隋文帝开皇十三年十二月八日，敕废像遗经，悉令雕板。"

程大昌《演（毓）〔繁〕露》："古书皆卷，至唐始为叶子，即今书策也。盖刻板刷印，必用叶子。"

柳玭《训序》云："尝在蜀时书肆中，阅印小学书。"《笔谈》以为始于冯道奏镂《九经》者非。

罗振玉《敦煌石室书目》：见己酉年《东方杂志》第十。"有太平兴国五年翻雕《大隋求陀罗尼经》残本，面左有'施主李知顺'一行，右有'王文沼雕板'一行，经末有'太平兴国五年六月雕板毕手记'十三字。"

孙毓修曰："吾国雕板，（毕）创始于隋，今日已无疑义。《猗觉寮杂记》：'（雜）〔雕〕印〔文〕字，唐以前无之。唐末益州始有墨本。'其说非矣。胡应麟疑隋世既有雕本，唐（又）〔文〕皇胡不扩其遗制，广刻诸书，复选五品以上子弟，入弘文馆抄书？见《经籍会通》。不知雕本既行，钞本何必废？如明之《永乐大典》、清之《四库全书》，距隋唐已数百年，犹用写本也。"

叶（全宗）〔梦得〕《石林燕语》引柳玭《〔训〕序》云："中和三年在蜀，阅书肆所鬻书，率雕本。"

孙星如按："唐时刻〔本〕，（而）〔向〕无著录，不知天壤间竟有其物。近见江陵杨氏藏《开元杂报》七叶，审是唐初雕本。书作蝴蝶装，墨影漫漶，不甚可辨，惟有一叶最完好。壬子年新历五月十五日，《神洲日报》模刻之，叶十三行，行十五字，笔划如唐人写经体。《孙可之集》有《读开元杂报》文，当即指此，而不言是刻，盖以当时雕刻书本久已见惯，故不审为之标出。如系创见，则必详记之矣。且《开元杂报》者，不过杂记逐日朝政，以代抄胥，固非经典子史之重要，而犹侵梨绣梓，朝行夕布，则其时刻板印书之风，必已大盛。柳玭言坊中雕本，仅有字书，未免所见不广也。盖隋世所雕，多系佛典，至唐而及他书耳。"孙又云："世言雕板始自冯道，此实不然，但监本始冯道耳。以今考之，吾国雕本实肇自隋时，行于唐世，扩于五代，精于宋人。"

张金吾序《爱日精庐藏书志》云："汉唐以来，书皆传写。后唐始有镂板，自是厥后，书日益多。"

《宋史》："毋昭裔守素性好藏书，在成都令门人勾中正、孙逢吉书《文选》《初学记》《白氏六帖》镂板，守素赍至中朝，行于世。"

《焦氏笔乘》云："唐末益州始有墨板，多术数、字学小书而已。蜀毋昭裔请刻板印《九经》，蜀主从之，自是始用木板摹刻《六经》。景德中，又摹印司马、班、范诸史，并传于世。"

《焦氏笔乘》载："蜀相毋公，蒲津人。先为布衣，尝从人（备）〔借〕《文选》《初学记》，多有难色。公叹曰：'恨余贫，不能力致！他日稍达，愿刻板印之，庶及天下学者。'后公果显于蜀，乃曰：'今可以酬宿愿矣。'因命工日夜雕板，印成二书。复雕《九经》、诸史，两蜀文字，由此大兴。洎蜀归宋，豪族以财贿祸其家者什八九。会艺祖好书，使尽取蜀文籍诸印本归阙，忽见卷尾有毋氏姓名，以问欧阳炯，炯曰：'此毋家钱自造也。'艺祖甚悦，（印）〔即〕命以板还毋氏。是时其书（编）〔徧〕于海内。初在蜀雕印之日，众嗤笑之。后家累千金，子孙禄食，嗤笑者往往从而假贷焉。左拾遗孙逢吉详言其事如此。"

《挥麈馀话》云："王氏以毋昭裔为毋丘俭，则大误。毋丘俭，三国时人。"

黄荛圃《百宋一廛赋注》云："夫书之言宋椠，犹导河言积石也。上言之则在汉一字石经、魏三字石经，并《典论》镂勒于石，此一源也；下言之则唐元和壁经，析坚木负墉而比之，制如版牍，此又一源也。"

虞山毛扆曰："印板盖权舆于李唐，而盛于五代也。"

又云："古人读书，尽属手抄。至唐末益州始有墨（镂）〔板〕，皆术数、（学字）〔字学〕小书，而不及经传。经传之刻，在于后唐。"见《楹书隅录·五经文字跋》。

唐末始镂板，逮宋而盛，太平兴国间，三馆六（字）〔库〕书籍正副本八万卷。见于《青箱杂记》。

考镂板书籍，始于周显德间；或据柳玭之言，以为唐已有之。而（刑）〔刊〕行大备，要自宋始，其时监中官刻与士大夫家塾付梓，校雠镂刻，讲究日精，宇内流传，罔不珍秘。及时代既更，渐至散佚。毛氏藏影宋本《周易辑闻》跋。

宋《〔国〕史·艺文志》："唐末益州始有墨板，多术（算）〔数〕、字学小书。"《册府元龟》则云："吴蜀皆有之。后唐长兴明（宋）〔宗〕年号。三年，宰相冯道、李愚奏请诏国子监田敏校正《九经》，镂本于太学，印刷发卖，以惠士林，此经书有印本之始。周广顺中，蜀相毋昭裔少时向人借《文选》不得，遂发愤曰：'吾他年得志，必雕本流通。'后果应其说，是为文集有印本之始。"

罗叔蕴跋燉（皇）〔煌〕石室发见之雕本《一切如来尊胜陀罗尼》云："按此经无雕刻年月，共三十六行，每行字数不等，其字似初唐写经，又'国师'之'国'字上空一格，其为唐刻无疑。"又云："按中国刊刻书籍，前人所考，金谓始于五代。惟据柳玭《训序》及《猗觉寮杂记》所云，则唐时已有雕板。日本(本)岛田翰氏作《雕板渊源考》，据费长房《历代三宝记》谓隋代已有雕本，此语殆可信。

此经字体似初唐，而不空卒于代宗庙，则此为唐中叶刊本也。予于日本三井听冰氏高坚[①]许，见所藏永徽六年《阿毗达磨大毗婆沙论》卷一百四十四，其纸背有木刻楷书朱记，文曰"大唐苏内侍写真定本"九字，与宋藏经纸后之"金粟山藏经纸"朱记字同，此为初唐刻本之确据。又以此刻证之，则隋唐有雕本之说，始信然矣。"

自后唐长兴《九经》刻板，周显德《经典释文》雕印，既省传写之劳，兼视丰碑为便，人事所趋，势固宜尔。于是始终宋代，官私（行）〔所〕造，遍于四部，《玉海》及马氏《经籍考》等书详其事焉。就中即有利（于）病，究之上承转录，此其嫡脉，故曰"贻于后而留其真，以睎于先而袭其迹"也。及今远者千年，近者犹数百年，所存乃当日千百之二耳。幸而得之，以校后本，其有未经改窜者鲜矣。夫君子不空作，必有依据。宋椠者，亦读书之依据也。荛翁《百宋一廛赋注》。

唐代镂板之佛经，曾于盛伯羲祭酒处见之。字画古朴，不拘拘于行款，字体亦大小相间。揭其雕刻时，未必如今之誊纸贴木，或印反书于木，亦未可知，缘其字多平而偏右也。有谓系泥板者，细审确有木纹，绝不似泥印，姑识之以（代）〔待〕博识者。谭笃生语。

镂板之兴，自隋开皇间敕废像遗经，悉令镂板，据陆

---

① "高坚"原作大字，据罗振玉《莫高窟石室秘录》改。

子渊《河汾燕闲录》。此为印书之始。特其时崇奉释教，所印者盖浮屠经像，未及概雕他籍，故唐时复有选五品以上子弟入弘文馆抄书之举。

柳玭《训序》言："在蜀时尝阅书肆，鬻字（时）〔书〕、小学率雕本。"可见当时字书、小学，仅见雕本，已为奇观，而经传犹用传抄，未有镂板。《版籍考》。

后唐冯道、李愚奏吴、蜀之人，鬻印板文字，（包）〔色〕类绝多，终不及经典。足见镂板之兴，自隋越唐，仅镂字书、小学、《文选》诸书，而不及经典，亦以为经典者立于学官，传于博士，虑以镂板故至犯异同耳。

雕版区别

孙星如曰："五季以还，《释文》继雕于开宝，《易》《书》重梓于祥符。于是监蜀京杭而下，（咸）〔盛〕说麻沙；兴於建余之间，更推家塾。实斯文之先导，吾道之功臣。故述官监诸（训）〔刻〕，而家塾、坊贾，亦所不遗。"

又云："隋唐板（乃）〔片〕，用金用木，今不可考矣。岳珂《九经（之）〔三〕传沿革例》有天福铜版本。宋时监本，皆用枣木，麻沙本皆用榕木。近时刻板，精者用枣，劣者用（棘）〔梨〕、用杨，刻图有用黄杨者，工费最钜，用铜锡铅泥者，则惟活字板有之。此亦雕板中不可不知者，故并及焉。"

监中墨简，始于长兴，历朝皆仿其故事。宋（明）〔朝〕称监，金称弘文院，辽称秘书监，元称编修所、秘书监、兴文署，明称南北监、经厂，清称武英殿、古香斋，其为御府所刻则一也。

《五代史》："后唐明宗长兴三年，宰相冯道、李愚请令判国子监田敏校正《九经》，刻板印卖，《九经》之板始备。"

《五代会要》云："后唐明宗长兴三年二月，中书门下奏请依石经文字，刻《九经》板，敕令国子监集博士儒徒，将西京石经本，各以所业本经，广为抄写，子细校正；然后雇召能雕字匠人，各部随帙刻印，广颁天下。如诸人要写经书，并请依所印刻本，不得更使杂本交错。盖监刻板之流行，始见于此。"见第八卷。是为经籍镂版之始。

《五代史》："长兴三年，命太子宾客马缟等充详勘《九经》官；于诸选人中召能书者，写付雕匠，每日五纸。"

毛扆购得《五经文字》一部，系从宋板影写者，（皆）〔比〕大历石本，注益详备，前（南）〔有〕开运丙午九月十一日田敏序。按丙午，开运三年也，则田敏之奉诏，在后唐长兴三年；越十六年，至石敬塘之世而雕成印本。由此观之，盖祖五代本矣。石刻举世有之，但剥蚀处杜撰增补，殊不足据，要必以此本为正也。见《楹书隅录》。

《挥麈馀话》云："唐明宗平蜀，命太学博士李锷书《五经》，仿其制作，刊板于国子监。监中印书之始，今则盛行于天下，蜀中为最。明清家有锷书印本，后题长兴三年。"王明清著。

《书录解题·九经字样一卷》跋云："往〔宰〕南城出谒，有持故纸鬻于道者，得此书，乃古京本，五代开运丙午所刻，遂为家藏书籍中之最古者。"

《朝（行）〔野〕杂记》："监本书籍，绍兴末年所刊也。九月，张彦实（傅）〔待〕制为尚书，始请下诸道州学，取旧本书籍镂板颁行，从之。然所取诸书多残缺，故胄监刊《六经》无《礼记》，正史无《汉》《唐》。二十一年，辅臣复以为言，且谓秦益公曰：'监中缺书，亦令次第（缦）〔镂〕板，虽重有费，不惜也。'由是经籍复全。先是，王瞻〔叔〕为学官，常请摹印诸经《〔义〕疏》及《经典释文》，许郡县以赡学，或系〔省〕钱，各市一部置之于学上，许之。今士大夫仕于朝者，率费纸墨钱千缗，而得书于监云。"

元刊《说文解字》徐献忠跋云："雍熙三年敕新校定《说文解字》牒文，称'其书宣付史馆，仍令国子监雕为印板，依《九经》书例，许人纳纸墨价钱收赎。兼委徐铉等点检、书写、雕造，无令差错，致误后人'云云。按宋时监本刻印尤精，此书虽仿其式而雕刻之，长短无定，纸之质理亦粗，以牒文所称何如郑重，不当有此，其为元时翻刻无疑。"

汉乾祐初，国子监奏《周礼》《仪礼》《公羊》《穀梁》四经未有印板，则《九经》之缺良多，而传钞之本未广。

《册府元龟》谓："樊伦为国子司业，其时田敏印板《九经》书流行，而儒官数多是非，（偏）〔倫〕掇拾舛误，讼于执政。又言敏擅卖书钱千万，请下吏讯诘，枢密使王峻为敏左右之，密讯其事，构致无状。然于其书，至今是非莫悉。"由是观之，则田敏印板之《九经》当时已有舛误，而为儒官之所是非，至宋而未之能定，自是以来，更无有能校定之者。

宋雍熙中，太宗以板行《九经》尚多讹谬，俾学官重加校刊。史馆先有宋（藏）〔臧〕荣绪、（良）〔梁〕岑之敬所检《左传》，诸儒引以为证。祭酒孔维上言："其书来自南朝，不可案据。"则当时传抄之本，寥寥无几；而刊校之事，亦穷几矣。黄节语。

岳珂曰："《九经》本行于世多矣，率以见行监本为宗，而不能无讹谬脱略之患。盖京师胄监经史，多仍五季之旧，今故家往往有之，实与俗本无大相远。绍兴初，仅取刻板于江南诸州，视京师承平监本又相（逮）〔远〕甚，与潭、抚、闽、蜀诸本，互有异同。嘉（静）〔定〕间，柯山毛居正奉敕取《六经》《三传》诸本，参以子史字书，选粹文集，研究异同，凡字义音切，毫厘必校。刊修仅及四经，犹以工人惮烦，诡窜（黑）〔墨〕本，以给有司，而误字实未尝改者什二三。"是故《九经》镂板，讹谬自田敏，而樊伦讼之，不获更正。其后一刊校于宋雍熙中，再刊校于嘉定中，犹未能正也。顾镂板虽兴，而惟《九经》印行，且镂板必在胄监，宋治平以前，犹禁擅镌，板本犹未大滥。亦惟其禁擅镌也，则民间无别刊之本，误悉在胄监，而无可刊校。此自秦以后，《九经》之一厄也。

音疏之镂板，则始于周显德二年。国子祭酒尹拙准敕校勘《经典释文》三十卷，雕造印板，是为音疏镂板之始。黄节。

李心传云："绍兴九年，下诸道州学，取旧监本书籍，多残阙，《六经》无《礼记》，正史无《汉》《唐》。"则史籍之为胄监雕本，于此亦可见已。黄节。

李焘云："自太宗摹印迁、固诸史，与《六经》并传，于是世之写本悉不用，然墨板讹驳，初不足正，而后学更无他本可以勘验矣，则史籍之误，犹之经籍。"

金元之际，中原河朔沦为异域，其时北方学者，传授板本尚寡，不能无事于手录。《虞道园集》。

世祖至元间，两括江西及杭州书籍板刻至京师，立兴文署，（事）〔掌〕经籍板，（无）〔皆〕收集宋馀。终元之世，胄监未有镂本。又诏书籍必经中书省看议过，事下有司，方敢刻印，故元代之板刻视宋减。

影宋蜀大字本《尔雅》（跋）〔叙〕："此书末有'将仕郎守国子四门博士臣李锷书'一行，为蜀本真面目，最可贵。宋讳阙'慎'字，其为孝宗后翻刻无疑。按后唐平蜀，明宗命太学博士李锷书《五经》，刊板国子监中，见王明清《挥麈馀话》。《尔雅》在《五经》外，（宣）〔岂〕明（法）〔清〕家有《五经》，仅举见本（所定）〔而言〕欤？锷、鹗不同，据此可以订误。"

顾亭林先生云："大历中，张参作《五经文字》，据《说文》《字林》刊正失谬甚多，有功于学者。开成中，唐玄度复作《九经字样》。石刻在关中，（间）〔向〕无板本，间有残缺，无别本可证。"朱竹垞先生亦以二书止有拓本、无雕本为阙事。读《四库全书总目》云："考《册府元龟》称周显德二年，尚书左丞判国子监田敏献印本书《五经文字》，奏称臣等自长兴三年校刊雕印《九经》书籍。然则此书刻本在印板书甫创之初已有之，特其本不传耳。"（不）〔可〕知二书除石经外，久无刻本传世，而石经自明嘉靖乙卯地震损折，多为后（入）〔人〕羼补，（泚）〔纰〕缪百出。国朝歙项氏、扬州马氏、曲阜孔氏、高邮孙氏先后重梓，亦第就石经校定，宋以来刻本仍未之见也。马本虽未免舛漏，然所据尚是宋拓，最称精善。孔本覆加雠对，尤审不苟。孙氏则取原书自为编辑，删移淆乱，非复旧观矣。此本首载开运丙午田敏序，（尚）〔当〕是南宋初从田氏原本翻雕者，故首尾完具，注（又）〔文〕特极详备，以马本及孔氏、孙氏校语（正）〔证〕之，多相吻合，而诸本所讹误者，又赖此得以考订异同，诚可谓希世之珍。《楹书隅录》杨绍和《九经跋》。

《玉海·艺文部》："开运元年三月，国子监祭酒田敏以印本《五经字样》二部进，凡一百三十册。"

又："端拱元年三月，司业孔维等奉敕校勘孔颖达《五经正义》百八十卷，诏国子监镂板行之。易则维等四人校勘，李说等（六）〔四〕人详勘，又再〔校〕。十月板成，以献；《书》亦如之，二年十月以献；《春秋》则维等二人校勘，王炳等三人详校，邵世隆再校，淳化元年十月板成；《诗》则李觉等五人再校，毕道昇等五人详勘，孔维等五人校勘，淳化三年壬辰四月以献；《礼记》则胡迪等五人校勘，纪自成等七人再校，李至等详定，淳化五年五月以献。是年，（刊）〔判〕监李至言，《义疏》《释文》尚有讹舛，宜更加刊定，杜镐、孙奭、崔颐正苦学强记，请命之覆校。至道二年，至请命礼部侍郎李沆，校理杜镐、吴淑，直讲崔渥佺、孙奭、崔颐正校定。咸平元年正月丁丑，刘可名上言，诸经板本多误。上令颐正详校可名奏《诗》《书》正义差误事。二月庚戌，奭等改正九十四字。沆预政，二年，命祭酒邢昺代领其事，舒雅、李维、李慕清、王（渔）〔涣〕、刘士元预焉。《五经正义》始毕。"

王应麟云："淳化三年以前，印板召前资官式进士写之。国子监刻诸经正义板，以赵安仁有苍雅之学，奏留书之，逾年而毕。"注前说。

孙星如云："按此为北宋监本《五经正义》之始，其后咸平中又校刊《七经（疏义）〔义疏〕》，始备《九经》，朝野者皆遵行之。马氏《经籍考·仪礼疏五十卷》载其先公序曰：'得景德中官本《（义）〔仪〕礼疏》四帙。'百宋一廛（赋）得之，黄氏诧为奇中之奇、宝中之宝。天禄琳琅藏《监本附音春秋公羊注疏》，后有'（星）〔景〕德二年六月中书门下牒文奉敕校雠刊印颁行'。李易安（名）〔仓〕皇避寇，先弃书之监本者，见《金石录序》。则旧监本书似不甚为当时所重也。"

《玉海》："周显德中，二年二月诏刻《序录》、《易》、

《书》、《周礼》、《仪礼》、四经《释文》，皆田敏、尹拙、聂崇义校勘。（是）〔自〕是相继校勘。《礼记》《（之）〔三〕传》《毛诗音》并拙等校勘。建隆三年，判监崔颂等上新校《礼记释文》。开宝五年，判监陈鄂与姜融等四人校《孝经》《论语》《尔雅释文》，上之。二月，李昉知制诰，李穆、扈蒙校定《尚书释文》。"

王应麟云："德明《释文》用《古文尚书》，命判监（用）〔周〕惟简与陈鄂重修定，诏并刻板颁行。"注前说。

《玉海》云："咸平〔二年〕十月十六日，直讲孙奭请摹印《古文尚书音义》，与新定《释文》并行，从之。是书周显德六年田敏等校勘。郭忠恕覆定古文，（主）〔并〕书刻板。"

又："景德二年二月甲辰，〔命〕孙奭、杜镐校定《庄子释文》。"

《玉海》云："《尔雅音义》一卷，释智骞所撰，吴铉驳其舛误。天圣四年五月戊戌，国子监请摹印德明《音义》二卷颁行。先是，景德二年四月丁酉，吴铉言国学板本《尔雅释文》多误，命孙奭、杜镐详定。"

又："淳化五年七月，诏选官分校《史记》《前》《后汉书》。杜镐、舒雅、吴淑、潘谟修校《史记》，朱节再校。陈充、（况）〔阮〕思道、尹少连、赵况、赵安仁、孙何校《前》《后汉书》。"按此即淳化校刊之《三史》。据陈鳣《简庄艺文·元本后汉书跋》，则淳化本卷末有"右奉淳化五年七月二十五日敕重刊正"一行，景德中又加修改。牧翁所藏《前》《后汉书》，比于（实）宝〔玉〕大弓者，绍兴末年重刊景德本也，是为宋监中摹印最精者。

《玉海》："咸平三年十月，校《三国志》《晋》《唐书》，五年毕。乾兴元年十〔一〕月（辛酉）〔戊寅〕，校定《后汉志》三十卷。天圣二年六月辛酉，校《南》《北史》《隋书》，四年十二月毕。嘉祐六年八月，校《梁》《陈》等书镂板，七年冬始集。八年七月，《陈书》始校定。"

蒋光煦《东湖丛（录）〔记〕》："吴县黄荛圃主事《读未见书斋书（因）〔目〕》有宋刻《后汉书》六十四册八函，有《本纪》《列传》，无《志》。刘原起本，下注云：'《曝书亭集·题跋》云："相传宋孙宣公奭判国子监，校勘官书，遂以司马氏《志》入之。"范氏《书》中虽有是说，未得确证。'癸丑冬季，得宋景祐本《汉书》，卷首有牒文一篇，版心有'后汉志'字，读之，乃刊《后汉志》牒文也。其年为乾兴元年十一月。"悉与《玉海》合。

孙毓修云："此即嘉祐校刊诸史。王应麟云：'《唐书》将别修，不刻板。'则嘉祐时所毕工者，实七史耳。曾公亮进书（志）〔表〕则《唐书》同时刊行。王氏以其不在国监，故未及之。"

《玉海》："咸平六年四月，命杜镐等校《道德经》，六月毕。（毕）〔景〕德二年二月，校定《庄子》，并以《释文》（之）〔三〕卷镂版。祥符四年，校《列子》，五年四月，上新印《列子》。十月，校《孟子》，〔七年正月〕上新印《孟子》及《音义》。"

孙毓修云："王氏所举宋监本书止此，其实经部又有《纂图重言重意互注点校毛诗》。吕夏卿监本《荀子》《文选》，诸家簿籍，著录尚多，不遑遍举也。"

朱彝尊《经义考》载宋叶梦得语曰"淳化中，以《史记》《前》《后汉书》付有司摹印，自是书籍刊镂益多。"又载宋李心传语曰："监本书籍者，绍兴末年所刊也，国家艰难以来，固未暇及。九年九月，张彦实待制为尚书郎，始请下诸道州学，取旧监本书籍镂板颁行，从之。然所取者多残缺，故胄监刊《六经》无《礼记》，正史无《汉》《唐》。二十一年五月，辅臣复以为言。上谓（周）〔秦〕益公曰：'监中其他阙书，亦令次第镂板，虽有所费，不惜也。'由是经籍复全。"

孙毓修曰："此南宋补刊监本之大略也。岳珂言'绍兴初仅取刻板于江南诸州，视京师承平刻本又相远'云云，《〔经〕传沿革例》殆未之深考矣。"

《辽史》："兴宗二十三年，幸新秘书监。"孙毓修按："辽起沙漠，太宗以兵经略方（面）〔内〕，礼文之事，多所未备。史记其藏书之府曰（軋）〔乾〕文阁，虽立秘书监，有无雕板之事，今不可得而知矣。钱遵王《读书敏求记》有辽板《龙龛手鉴》，遵王跋云：'"统和十五年丁酉七月初一癸亥，燕台悯忠寺沙门智光字法炬为之序。"按耶律隆绪统和丁酉，宋太宗至道三年也，是时契丹母后称旨，国势强盛，日寻干戈，唯以侵宋为事。而一时名僧开士，相与探学右文，穿贯线之花，翻多罗之叶，镂板制序，垂此书于永久，岂可以其隔绝中国而易之乎？沈存中言："契丹书禁甚严，传入中国者法皆死。"今此本独流传于劫火洞烧之馀，摩（抄）〔抄〕蠹简，灵光巍然，（询）〔洵〕希世之宝也。'后此流入昭仁殿，《天禄琳琅》著录，亦称为仅见之本。此书虽非官本，以辽世官私刻刻本，流存至希，故附于此。"

《金史》："章宗明章五年，置弘文院，译写经书。"

孙毓修按："金弘文院刻本，未见流传，盖所刻多译本，宜乎不见存于中原也。《天禄琳琅·金大定己丑南京路都转运使梁公刊贞观政要》：'此本字宗颜体，刻印精良，与宋版之书佳者无异。藏书家知崇宋本，而金本多未之及，盖缘流传实尠，耳目罕经。'聊城杨氏藏金板《道德宝章》另详。"

藏书家多未见金本，查《贞观政要》一书有大定己丑八月进士唐公弼序称："南〔京〕路都转运使梁公出公府之资，命工镂板。"按：大定为金世宗年号，己丑为世宗九年，在南宋为孝宗乾道五年。此本字宗颜体，刻印精良，与宋板佳者无异。

《元史》："太宗八年六月，立编修所于燕京，经籍所于平阳。世祖至元十年正月，立秘书监，掌图书经籍。二十七年正月，复立兴文署，掌经籍板。文宗天历二年二月，立艺文监，隶奎章（门）〔阁〕学士院，专以国语敷译儒书，及儒书之令校雠者，俾兼治之。又立艺林库，专一收贮书籍；广成局，专一印行祖宗圣训。凡国制等书，皆隶艺文监。"

元刊《资治通鉴》序称："朝廷于京师创立兴文署，令（亟）〔丞〕并校理四〔员〕，厚给禄廪，召集良工，剞劂诸经子史版本，流布天下。以《资治通鉴》为起端之首，可为识时事之缓急，而审适用之先务"云云。按：《元史》载世祖至元廿七年正月，立兴文署掌经籍版。王磐此序所云，与史吻合，则知此书乃元时官刻本也。

元刊《通志》序称"是集梓于三山〔郡〕庠，北方学者（独）〔犹〕未之见，乃募（寮）〔僚〕属捐己俸，摹印五十部，散之江北诸郡"云云。疏后别行载"至治三年九月印造"，则知此本当属元初开雕于闽中者也。

顾炎武《日（记）〔知〕录》引陆深《金台纪闻》曰："元时州县，皆有学田，所入谓之学租，以供师生廪饩，馀则刻书，工大者合数属为之，故校雠刻画，颇有精者。"曾见元刊《困学纪闻》有庆元（洛）〔路〕儒学教授陆晋之序，中有"鸠工度费，给以学储，本学官及岱山长共助，以足其用"云云，今证以晋说，适相吻合。

元本《唐文粹》卷末列临安府开雕年月衔名，此仿宋官刻本也。

孙星如云："王士（默）〔點〕《秘书监志》：'至

元十一年，以兴文署隶秘书监，掌雕印文书。三十年，又并入翰林院。'召集良工，刊刻诸经子史板本，以《通鉴》为起端。又刊蒙古译本，见于《本纪》者，如成宗大德十一年八月刊行《孝经》，武宗至大四年六月刊行《贞观政要》，仁宗时刊行《大学衍义》《列女传》，皆译本也。"

《明史》："洪武三年，设秘书监丞，典司经籍。至是从吏部之请，罢之，而以其职归之翰林院典籍。至十五年，又设司经局，属詹事院，掌经史子集制典图书刊辑之事，立正本副本，以备进览。"

《明史》："洪武十五年，谕礼部：'今国子监藏板残缺，其命儒臣考补，工部督修之。'廿四年，再命颁国子监子史等书于北方学校。"

顾炎武《日知录》："宋时止有《十七史》，今则并《宋》《辽》《金》《元》四史，为《廿一史》。但《辽》《金》二史，向无刻本；《南》《北齐》《梁》《陈》《周书》，人间传者亦罕。故前人引书多用《南》《北史》及《通鉴》，而不及诸《书》，亦不复采《辽》《金》者，亦行世之本少也。嘉靖初，南京国子监祭酒张邦奇等请校刻史书，欲差官购索民间古本，部议恐滋烦扰。上命将监中《〔十〕七史》旧板，考对修补，仍取广东《宋史》板付监。按《宋史》为成化十六年两广总督朱英所刻。《辽》《金》二史无板者，购求善本翻刻，十一年七月成，祭酒林文俊等表进。至万历中，北监又刻《十三经》《廿一史》，其板视南稍工，而士大夫遂家有其书。"按《金》《元史》洪武初年已有刻本，今行世之南监本《元史》及《金史》，犹仍洪武旧板也，不审亭林何以云《金史》无板也。

黄佐《南雍志·梓刻（书）本〔末〕》："《金陵新志》所载集庆（洛）〔路〕儒学史书梓（敏）〔数〕，正与今同，则本监所藏诸梓，多自旧国子学而来，自后四方多以书版送入。洪武、永乐时，两经修补。版既丛乱，旋补旋亡。成化初，祭酒王㒜会计之，已逾二万篇。弘治初，始作库供储藏。嘉靖七年，锦衣卫间住千户沈麟奏准校刊史书，礼部议以祭酒张邦奇、司业江汝璧学博才裕，使将原板刊补。其广东原刻《宋史》，差取付监。《辽》《金》二史，原无板者，购求善本翻刻，以成（金）〔全〕史。邦奇等奏称《史记》《前》《后汉书》残缺模糊，剜补易脱，莫若重刻。后邦奇、汝璧迁去，祭酒林文（佼）〔俊〕、司业张星继之，乃克进呈。"

丁丙《善本书室藏书志·明南雍廿一史》："万历以来，相隔又数十年，不得不重新镂板，皆非旧监之遗矣。尚有小字本《史记》、元刊明修《三国志》，则无从并收汇列也。"《元史》："太宗十二年九月，以伊（室）〔实〕特穆尔为御史大夫，括江南诸郡书板及临安秘书省书籍。"《明史》："太祖洪武元年八月，大将军徐达入元都收图籍，是宋元监造墨板，尽入南监。"《南雍志》所谓"本（兼）〔监〕所藏诸梓，多自旧国子学而来"，今世行之宋雕明修、元雕明修诸本之所由来也。又云："北监《廿一史》奉敕重修者，祭酒吴士元、司业黄锦也。自万历廿四年开雕，阅十有一载，至卅四年竣事，皆从南监本缮写刊刻。(惟)〔雖〕行款较为整齐，究不如南监之近古，且少讹字。"

《钦定日下旧闻考》引《天下书目》云："北京国子监板书，有《丧礼》一千六百八十二片、《类林（文）诗集》六十二片、《西林诗集》卅片、《青云赋》五十片、《字苑撮要》一百廿七片、《韵略》四十五片、《珍珠囊》八十二片、《〔玉〕（淳）〔浮〕犀》十七片、《孟四元赋》一百十三片。"原注："此所载明代书板藏之国学者，今皆散失无存矣。"明初，书板惟国子监有之，陆容曰："观宋潜溪《送东阳马生序》可见。"厥后分南监板、北监板。

《南雍续志》云："西库见存《四书集注》板四百五十一面、《易经传义》板五百一十三面、《诗经集注》板三百四十二面、《书经集注》板三百二面、《春秋四传》板八百九十三面、《礼记集说》板七百一十八面；东库见存《论语集注〔考证〕》五十面。"此南监板也。

嘉靖五年，时建阳书坊刊本盛行，字多舛讹。巡按御史杨瑞等疏请专设儒官，校勘经籍，诏遣侍读汪佃行诏校毕还京，勿复差官更代。由是观之，明代镂板之政，视之若无甚轻重者然。黄节语。

宋时雕本虽盛，而当明永乐间，文渊阁所存雕本十之三，钞本十之七。则当时自《九经》、诸史而外，其未经刊本者必多。而有明设科，专尚帖括，《四子书》《易》《诗》第宗朱子，《书》遵蔡氏，《春秋》用胡氏，《礼》主陈氏。其有稍别于学官所颁者，辄获罪戾。以是爱博者窥《大全》而止，不敢旁及诸家。秘省所藏，土苴视之，盗窃（视）〔听〕之，百年之后，遂无完书。文渊所存钞本，已化为游尘野马矣。

《明史·艺文志》："明御制（府又）〔诗文〕，内府镂板。"

刘若愚《酌中志·内板经书记略》："凡司礼监经厂库内所藏祖宗（畧）〔累〕朝传遗秘书典籍，皆提督总其事，而掌司监工分其细也。自神庙静摄年久，讲幄尘封，右文不终，官如传舍，遂多被匠夫、厨役偷出货卖。拓黄之帖，公然罗列于市肆中，而有宝图书，再无人敢（结）〔诘〕其来自何处者。或占空地为圃，以致〔板〕无晒处，湿损模糊，甚至劈毁以御寒，去字以改作。即库中见贮之书，屋（满）〔漏〕浥损，鼠啮虫巢，有蛀如珍珑板者，有尘霉如泥板者，放失亏缺，日甚一日。若以万历初年较，盖已什减六七矣。既无多学博洽之官，综核齐理；又无簿籍数目可考，以凭销算。盖内官发迹，本不由此，而贫富升沉，又全不关乎贪廉勤惰。是以居官经营者多长于避事，而〔鲜〕谙大体，故无怪乎泥（板）〔沙〕视之也。然（阮康）〔既属〕内廷库藏，在外之儒臣又不敢越规条陈。曾不思难得易失者，世间书籍为最（正）〔甚〕也。昔周武灭商，《洪范》

访自箕子；晋韩起聘鲁，见《易象》《春秋》，曰：'周礼尽在鲁矣。'今将有用图书，尽掷无用之地，（宣）〔岂〕我祖求遗书于天下，垂典则于万世之至意乎？想在天之灵，不知其如何其（恫）〔悯〕然，如何其叹息也。今上天纵英明，右文图治，倘一旦请问祖宗历来所存书籍几何，或亲临库际稽（觉）〔览〕，不审当局者作何置对？其亦未之深思耳。祖宗设内书堂，原愿于此陶铸真才，冀得实用。按《古文真宝》《古文精粹》二书，皆出老学究所选，累臣愿求大方明白上水头古文选为入门，再将弘肆上水头古文选为极则；起自《檀弓》、《左》、《国》、《史》、《汉》、诸子，共什七八，唐、宋什二三，为一种；再将洪武以来程墨垂世之稿，亦选出一半为入门，一半为极则，亦为一种。四者同成二帙，以范后世之内臣，奏知圣主，发司礼监刊行，用示永久，不知得遂志否也。皇城中内相学问，读《四书》《（二）〔书〕经》《诗经》，看《性理》《通鉴节要》《千家诗》《唐贤三体诗》，习书柬（话）〔活〕套，习作对联，再加以《古文真宝》《古文真粹》，尽之矣。十分聪明有志者，看《大学衍义》《贞观政要》《圣学心法》《纲目》，尽之矣。《说苑》《新序》，亦间及之。《五经大全》《文献通考》，涉猎者亦寡也。此皆内府有板之书也。先年有读《等韵》《海篇》部头，以便检查难字，凡有不知典故难字，必自己搜查，不惮疲苦。至于《周礼》《左传》《国语》《国策》《史》《汉》，一则内府无板，一则绳于陋习，概不好焉，盖缘心气骄满，勉强拱高，即无虚己受善之风也。《三国志通俗演义》《韵府群玉》，皆乐看爱买者也。除古本、抄本、杂书不能开（编）〔徧〕外，按现今有板者，（请）〔谱〕列于后，即内府之经书则例也。"按所列内板书目，凡一百六十馀部，与周弘祖《古今书刻》所载，互有不同。

丁丙《善本书（定）〔室〕藏书志·明正统司礼（盘）〔监〕刊仪礼识误》①："明正统间，（莫）〔英〕宗谕旨，以《五经》《四书》经注书坊本讹误者多，命司礼监誊写刊印，以取便于观览。其版行宽字大，模印颇精。"王士禛《带经堂集·请修经史刻板疏》："查明代南、北两雍，（昔）〔皆〕有《十三经注疏》《二十〔一〕史》刻板。今南监板存否完缺，久不可知，惟国学板庋置御书楼。此板一修于前朝万历二十三年，再修于崇祯十二年，自本朝定鼎，迄今四十馀载，漫漶残缺，殆不可（谈）〔读〕。所（宣）〔宜〕及时修补，庶几事省功倍。至于南监经史旧板，并请敕下江南督抚查明。如未经散佚，即由该省学臣收贮儒学尊经阁中，储为副本。"

《啸亭续录》："崇德四年，文庙患国人不识汉字，命巴克什达文成公海翻译国语《四书》及《三国志》各一部，颁赐耆旧，以为临政规范。定鼎后，设翻书房于太和门西

---

① 出处有误，当出自《丁志·明正统司礼监刊本周易》。

廊下，拣择旗员中谙习清文者充之，无定员。凡《资治通鉴》《性理精义》《古文渊鉴》诸书，皆翻译清文刊行。"

吴长元《宸垣识略》："武英殿在熙和门西南向，崇阶九级，环绕御河，跨石桥三。前为门三间，内殿宇前后二重，皆贮书板。北为浴德堂，即修书处。其后西为井亭。"

《钦定日下旧闻考》："国子监彝伦堂后为御书楼，内尊藏《圣祖御制文集》《世宗御制文集》板及御纂诸经，并《十三经》《廿二史》各板本皆贮焉。"

孙星如云："武英殿刻书，未知始于何时。今考《御定全唐诗》及《历代诗（解）〔馀〕》皆刊于康熙四十五六年，而何义门在康熙四十二年已拜兼武英殿纂修之命，则其事当不始于乾隆。今考《东华录正续》，乾隆朝在武英殿开雕书籍，见诸谕旨者：三年雕《十三经注疏》；四年《明史》雕成，续雕《廿一史》，十二年上之，凡装六十（八）〔五〕函；十年雕《明纪纲目》；十一年雕《国语解》；十二年雕《三通》；四十八年雕《相台五经》。"《武英殿丛书》，详见活字本。

《啸亭杂录》"列圣万几之暇，博览经史，爰命儒臣选择简编，亲为裁定，颁行儒宫，以为士子模范"云云。今按《皇朝通考》及刘锦藻《皇朝续通考·艺文志》所载，当时钦定御制书〔名〕，凡经类廿六部，史类六十五部，子类三十六部，集类廿部，凡一百四十七部。大半镂板于内府，中如《西清续鉴》《宁寿古鉴》藏稿未刊。《天禄琳琅》刊于湖南书局，《全唐文》刊于扬州，其馀不能悉知也。古今刻书之多，未〔有〕若胜朝者也，古香斋袖〔珍〕本十种，亦于武英殿雕造。

《外台秘要》四十卷，朝散大夫守光禄卿直秘阁判登（内）〔闻〕检院上护军臣林亿等上进，熙宁二年五月二日准中书札子："奉圣旨镂板施行。"此校刊上进本也。"

元本《文选》卷末后（纽）〔钮本〕有"监造（洛）〔路〕吏刘晋英郡人叶诚"十一字，此元官本也。

黄荛翁藏宋本《史记》卷末有"无为军军学教授潘（思）〔旦〕校正淮南路转运司干办公子右蒙正监雕"字。官衔分左右，盖南渡初官本也。

又宋本《唐〔书〕》卷末有嘉祐五年进书诸臣衔名，又有是月廿六日准书札子："奉旨下杭州镂板颁行。"及校对校勘诸臣并宰相富弼、韩琦、曾公亮等衔名。此南监本也。

彭文勤跋《群经音辨》："凡三刻：宝元二年，崇文书院开雕，庆历三年毕工，文元亲与其事；绍（與）〔兴〕九年己未，临安府学重雕；十二年壬戌，汀州宁化县学再重雕。"

元刊《道命录》有"刻于龟〔山〕书院"识语。

元刊《备（鱼）〔急〕本草》序后有一方记云"大德壬寅孟春，（崇）〔宗〕文书院刊行"。

元刊《稼轩长短句》卷末题款云"大德己亥中吕月，刊毕于广信书院，后学孙粹然、同（识）〔职〕张公俊"等字。

抚州使库刻本《礼记》，是南宋淳熙四年官书，于今日为最古矣。《楹书（偶）〔隅〕录》。

彭文勤跋《春秋经传集解》："宋官刊本末记云：'淳熙三年四月十七日，左廊司局内曹掌典秦玉祯等奏（内）〔闻〕："壁经《春秋左传》《国语》《史记》等书，多为蠹鱼伤（损）〔牍〕，不敢备进上览。"奉敕用枣木（柳）〔椒〕纸，各造十部。四年九月进览。监造臣曹栋校梓，司局郭庆官（牍验）〔验牍〕。'"仝。

钱竹汀云："《北史》旧刊本，板心有'信州路儒学刊'，或但云'信州儒学'等字者。"《（盈）〔楹〕书（偶）〔隅〕录》。宋元刊书，皆在书院，以山长主之。然则校勘之职，既主于山长，其刊书之资在学田，可知宋本《通鉴纪事本末》有以私钱重刊之（言）〔者〕，所谓为私者别于官也。仝。

元刊《尔雅》三卷，无年代可考，首署"雪窗书院校正新刊"八字，故称"雪窗本"。

钱竹汀跋《汉书》："卷末有'嘉靖己酉年孟夏吉旦，侯官县儒学署教论事举人廖言监修'。"

《中兴馆阁续录》："秘书郎莫叔（先生）〔光〕上言：'今承平滋久，四方之人，益以典籍为重。凡缙绅家世所藏善本，外之监司郡守，搜访得之，往往锓版，以为官书，其所在各自版行。'"宋时郡守刻书，于此可证。《天禄琳琅》。

李心传《朝野杂记》载："王瞻（林）〔叔〕为学官，常请摹印诸经疏及《经典释文》，贮郡县以赡学。或省系钱，各市一本，置之于学。"是南渡后，犹重此举。同上。

元时书籍，并由中书省牒下诸路刊行。《天禄琳琅》注。

《春秋左氏音（自）〔义〕》，宋嘉定时兴国学刊本。兴国军隶江南西路，亦江西诸郡书板也。卷末结衔五人，为知军、通判、教授、判官。又有教授闻人（接）〔模〕跋，载本学补刊《春秋》、更新《五经》之由。盖当时刻《春秋》而附以陆氏《音义》，今独存《音义》耳。《琳琅》。

宋时刻书家（各）〔名〕。衢守长沙赵淇所刊（之）〔四〕书，每板有"衢州官（刊）〔书〕"四字，咸淳癸酉时官刊也。

《南（新）〔雍〕志》云："《十三经注疏》刻于闽者，独缺《仪礼》，以杨复《图说》补之。嘉靖五年，巡抚都御史陈凤梧始编校刊于山东，以板送监。"是为南（新）〔监〕本也。"

旧抄本《近事会元》，纪唐武德而下，尽周显德以前，朝野掌故凡五百事，可补《唐书》《五代史》之阙，《两京新纪》之佚。中纪后唐明宗长兴三年二月，中书（秦）〔奏〕乞依石经文字，刊《九经》书印板，从之；又汉隐帝乾祐二年五月，于国子监置雕印《仪礼》《周礼》《公》《榖》二传。书有印板，自此始也。见《（佚）〔铁〕琴（词）〔铜剑〕楼（方同）〔藏书目〕录》。

《玉海》载："天圣七年四月，刊《律文音义》于国子监，卷后有'天圣七年四月日准敕送崇文院雕造'一行。"

宋刊《圣宋皇祐新乐图记》卷末有"皇祐五年十月初三日奉圣旨开板印造"二行。

雕板初兴，坊肆未盛。宋元以来，坊肆盛矣，而贾人本射利之心，贻豕亥之误，是不得官中雕刻，以扶斯文于不敝。故他种营业，鲜闻官与（官）〔商〕并立者；有之，独（即）〔印〕书业也。书塾本亦同此意，故并著之。（此）〔北〕宋官刊（刊），莫不字（尽）〔画〕清朗，体兼颜欧，非麻沙坊本所能及云。星如语。

《中兴馆阁续录》："秘书郎莫叔（先）〔光〕上言：'承平滋久，四方之人，益以典籍为重。凡搢绅家世所藏善本，外之监司郡守披访得之，往往锓板，以为官书，其所在各板（则）〔行〕。'"

李心传《朝野杂记》："王瞻叔为学官，尝请摹印诸经疏及《经典释文》，贮郡县以赡学。"

《朱子大全集》："按唐仲友状，蒋辉供去年三月内，唐仲友叫上辉，就公使库开雕《扬子》《荀子》印板，辉共王定等一十〔八〕人在局开雕。"

孙星如云："宋本书有序录牒衔，可灼然知为官本者，如耿秉椠本《史记》，淳熙丙申，张（杆）〔杅〕介（文）〔父〕守（相）〔桐〕川，以蜀小字本《史记》（故）〔改〕写中字，刊于郡斋，而削（诸）〔褚〕少孙所补；赵山甫为守，取（诸）〔褚〕少孙书，别刊为一峡；淳熙辛丑，耿秉为郡，复以（诸）〔褚〕书依次第补刊之。湖北庾司本《汉书》，绍兴初刊湖北监茶提举司；淳熙二年，梅世昌为提〔举〕，板已漫漶，命三黄杲升、宜兴沈纶（定）〔言〕重校刊二百二十七板；庆元二年，梁季秘为守，又命郭洵直重刊一百七〔十〕板；绍兴时，蜀中刻《七史》，谓之'眉山七史'。《读史管见》，前有淳熙壬寅金书平海军节度判官孙胡大正序：'此书淳熙以前无刊本，至大正官温陵，始刊于州治之中和堂。'其后嘉定十一年，其（县）〔孙〕某守衡阳，刊于郡斋；江南（寅）〔宣〕郡亦有刊板；入元，板归兴文署，学官刘安〔卿〕重刊之。《贾子新书》，淳熙二年〔辛〕丑，程给事为湖南漕使，刊置潭州之学。《真西山读书记》，丁集末有监雕福清县学主张奎等衔名。《春秋左氏音义》，宋嘉定时兴国学刊本，兴国军隶江南西路，亦江西诸郡书板也。《春秋分记》，宋淳祐三年，程公许宜春刻是书于郡斋。《四书》，咸淳癸酉，衢（宋）〔守〕长沙赵（琪）〔淇〕刊于郡庠，每板中有'衢州官书'四字。《事类赋》，前有绍兴丙寅右迪功郎差监潭州南岳庙边惇德序，称（荣）〔荥〕阳郡公将命东浙以所藏《事类赋》善本俾镂板。《书集传》后有'泰定丁卯阳（川）〔月〕，梅溪书院新刊'牌子。以上数书，百不尽一，聊举似焉尔。"按：诸家所述雕本，以今考之，率以官刻为多，用为详，以见有宋一代用公库钱刻书之流风馀韵焉。

《元史》："仁宗朝，集贤大学士库（奏）〔春〕言：'唐陆淳著《春秋纂例》《辨疑》《（徵）〔微〕旨》三书，

有益后学，请江西行省锓梓，以广其传。'从之。"倪灿
《宋史艺文志补序》："郡邑儒生之著述，多由本路进呈，
下翰林看详可传者，命江浙行省或所在各路儒学刊行。故
何、王、金、许之书，多赖以传。鄱阳马氏之《通考》且
出于（即）〔羽〕流之荐达，可谓（咸）〔盛〕矣。"

　　孙星如云："元时官本，河北则仍金源之旧，设局平
阳。河南则杭州、绍兴、平江、信州、抚州诸路刊印最多，
其本多冠以'皇帝圣旨里'云云。有题西湖、刊《国朝文类》。
（團）〔圆〕沙、刊《唐（钞）〔韵〕》。南山刊《唐韵》。书
院者，疑是坊名也。"

　　元瑞州路学刊本《隋书》欧（卿）〔乡〕周自周序："〔曩予〕
录庐陵乡校，有《史记》《东汉书》而无《西汉》。及长鹭
洲书院，则有《西汉》一书而已。尝叹安得安西书院所刊
经史，会为全书。今教瑞学，有《通鉴》全文，又在《十七史》
外。至顺壬申夏，□（夏）〔奉〕□省宪命，备儒学提举。
高承事言，《十七史》书本绝少。江西学院惟吉安有《史记》
《东》《西汉书》，赣学有《三国志》，临江路学《（庸）
〔唐〕书》，抚学《五代史》，馀缺《晋书》《南史》《北史》
《隋书》。若令龙兴路学刊《晋书》，建昌路学刊《南》《北史》，
瑞州路学刊《隋书》，便如其请，俾刊之毋怠。府〔委〕
录事欧阳将仕同召匠计工，周教授专校勘〔刊〕雕，提举
司令自寻善本。本学首访到建康本《十七史》内《隋书》，
考订未免刻画粗率，（内）〔句〕字差讹。后得袁、赵氏

046

本颇善，今所（刊）〔校订〕，又千有馀字。"

陆心（凉）〔源〕《皕（宗）〔宋〕楼〔藏〕书（目）〔志〕》："元本《北史》有大德丙午建康道牒诸路刊史。《两汉》则太平路，《三国志》则池路，《隋书》则瑞州路，《北史》则信州路，《（康）〔唐〕书》则平江路。此元时分刻诸史之大略也。"

袁〔漫〕恬《书隐丛（话）〔说〕》："官书之风，至明极盛，内而南北两京，外而道学两署，无不盛行雕造。官司承任，数卷新书，与土仪（王）〔并〕充〔馈〕（只）〔品〕，一时（古）〔有〕书帕之谚。数年去任，未刻一书，则（惓）〔俗〕吏之称，随其后矣。"

明时官司衙署刊本目录，详见周弘祖《古今书刻》，（若）〔兹〕不复举。明祖分封诸王，各赠宋版书籍，其后诸王皆能于养尊处优之馀，校刊古籍，模印精审，至今见称。如瞿仙、月窗、南山、冰雪，以及沈、唐、潞、（香）〔晋〕，皆其选也。胜朝二百七十年中，官署、学校刻书甚盛，两淮、武林所刻尤多。书院本以江阴南菁所刻为多，广州粤雅堂书版后皆并入书局。

况周仪《蕙风簃二笔》："咸丰十一年八月，曾文正克复安庆，部署帖定，命莫子（缌）〔偲〕大令采访遗书。既复江宁，开书局于（治）〔冶〕城山，此江南官书局之（傑）〔俶〕落也。"按：自同治己巳，江宁、苏州、杭州、武昌同时设局后，淮南、南昌、长沙、福州、广州、济南、成都继起，所刻四部书，亦复不少矣。

宋岳珂，乃飞孙，本相州汤阴人，故以相台〔表〕望。南渡后，徙常州，今宜兴有珂父霖墓，故家塾以荆谿名。所校刊之书，诸卷末有木记曰"相台岳氏刻梓家塾"，或曰"相台刻梓荆谿家塾"，为长方、椭圆、亞字诸式，具大小篆隶文。《天禄琳琅》。

岳珂，字肃之，号倦翁，汤阴人，居于嘉兴。岳忠武王之孙，敷文阁待制霖之子也，官至户部侍郎、浙东总领（朱）〔制〕置使。仝上。

岳氏校刊九经三传，著《沿革例》，雠勘最为精（覆）〔覈〕。仝上。

政和中，廖刚曾祖母与祖母享年最高，皆及见五世孙，刚作堂名"世绵"以奉之。所刻书有木记曰"世绵廖氏刻梓家塾"，为长方、椭圆、亞字诸式，具篆文、八分。《天禄琳琅》。

赵均《石（绩）〔蹟〕记》："廖莹中刻《（無）〔世〕绵堂帖》。莹中名玉，号群玉，为贾似道客。"周密《癸辛杂识贾廖刊书》云："廖群玉诸书，《九经》本最佳，凡以数十种比较，百馀人校正而后成。以抚州（草）〔萆〕钞纸，油烟墨印造，其装襴至以泥金为签，则其贵可知矣。"同上。

《癸辛杂识·贾廖刊〔书〕》："《九经》本最佳，装（遞）〔襴〕以泥金为签。"

又云："贾似道与其门客廖莹中刊书甚多，如《全唐诗话》《悦生〔堂〕随（笔）〔抄〕》一百卷，所援引多奇书。"

《志雅堂杂抄》："贾似道自江上奏功，廖莹中以从戎功，特赐黄金百两，廖铸匜以为酒器。杨尚书作篆古勒铭有云：'国有大功，一相禹胼。日余莹中，与随旍旆。文昌孙子，是（室）〔宝是〕用。谁其铭之，史臣杨栋。'"

廖莹中，号药洲，邵武人。登科，为贾师宪之客。尝为太（厨）〔府〕（承）〔丞〕知（藥洲）〔某州〕。相传刊书时，用墨皆杂泥金、香麝为之。

《范文正公集》，南宋初番阳郡斋所椠州学原本后题"嘉定壬申仲夏重修，朝奉郎通判饶州军州兼管内劝农营田事宋钧、朝请大夫知饶州军州兼内劝农营田事赵（汩）〔旧〕楫"二行，天历刊本序末有"天历戊辰，刻于家塾岁寒堂"。

元刊《新笺决科古今源流（而）〔至〕论》前集后有正书墨记云"延祐丁巳孟冬，圆沙书院刊行"一行。

宋刊《张子语录》卷末有"后学天台吴坚刊于福建漕治"二行。

宋刊《龟山先生语录》卷末有"正统戊辰仲夏，在金谿义塾重装"一行，亦福建漕治刊本，与《张子语录》行款悉同。

宋刊《李侍郎六朝通鉴博议》后有木记曰"毕万裔宅刻梓于富学堂"。

宋人刻梓家塾之书，多有款识。钱竹汀跋宋板《两汉会要》："卷末有'至正三年后丁丑秋八月七日，陈留边

〔于〕〔子〕昂手整于姑苏邓明仲家塾'。"

北宋《康节先生击壤集》卷一前后木记题"建安蔡子文刊于东塾之敬室"，细行密字，镌刻至精。

元本《增刻校正王〔决〕〔状〕元集注分类东坡先生诗》卷首集注姓氏后有"建安虞平斋务本书堂刊"木记。

元刊《类编层澜文选》每标签题下别行刊"云坡家塾鼎新〔州〕〔刊〕行"，系当时帖括之书。《天禄琳琅》。

元刊《周易集说》末页有"孙贞木缮写锓梓于家〔塾〕之读易楼，至正九年岁在己丑十一月朔旦志"。

《象山先生集》卷五后有"辛巳岁孟冬月，安正书堂重刊"木记，按嘉定十三年岁在庚戌，则木记所记辛巳当是嘉定十四年也。

宋椠《后汉书》目后有"建安刘元起刊于家塾之敬室"一行，乃南宋精雕也。

魏仲举《集注韩昌黎集》目录后有木记曰"庆元六祀孟春，建安魏仲举刊梓于家塾"。

彭文勤跋《春秋经传集解》："麻沙刻，〔木〕〔末〕记云：'〔僅〕〔謹〕依监本写作大字，〔附〕以释文，〔之〕〔三〕复〔校〕正刊行，兼刻图〔志〕〔表〕于卷首。淳熙柔兆涒滩中夏初吉，闽山阮仲〔献祺〕〔献種〕德堂刊'。"

钱竹汀跋《史记》："目录后有'三峰樵隐蔡梦弼傅卿校正'，《〔之定〕〔三皇〕本纪》末有'建溪蔡梦弼傅卿亲校刻于东塾，时乾道七年春王正上日书'，《五帝纪》末有墨长印云'建溪三峰蔡梦弼傅卿亲校谨刻梓于望道亭'。"

又《宋文鉴》，明嘉靖五年晋府志道堂刊。

明修金本《丹渊集》，为金泰和间从宋庆元四年戊午家诚之（印）〔邛〕州本重梓，卷末木记云"泰和丙辰（悔）〔晦〕明轩张（定）〔宅〕记"。

明刊《诗（辑）〔缉〕》音图后另有"赵府刊于居敬堂"七字，考《明史》，赵王祐椋子厚煜嗣封，事祖母杨以（考）〔孝〕闻。嘉靖七年，玺书褒（子）〔予〕。厚煜性和厚，构楼读书，文藻瞻丽。则所刊"赵府"，即厚煜所自记焉。

《童蒙训》有楼昉序，作于宋宁宗嘉定八年，称（重）〔金〕华太守丘公长隽出钱五万，镌刻于吕氏祠堂。书末另行刻"绍定己丑，郡守眉山李埴得此本于详刑使东莱吕公祖烈，因锓木于玉山堂，以惠后学"。按绍定己丑为理宗绍定二年，去嘉定八年已阅十有四载，则吕祖烈所藏，即丘长隽所刊以置吕氏祠堂者，李埴特取而翻刻其板耳。

《吴越春秋》目录后有"万历（内辰）〔丙戌〕之秋，武林冯念祖重梓于卧龙山房"木记，考卧龙为越郡山名，则又因元板翻于越中者。

《十六国春秋》目录后列屠乔孙及同校姓氏十人，末行称"万历三十七年兰晖堂镂板"，是此书为明代新刊。

宋刊《史记索隐》末卷载"嘉祐二年建邑王氏世翰堂镂板"。前有刻书（房）〔序〕，不著名氏，云"平阳道参幕段君子成求到善本，募工刊行"，盖重刊者也。

宋刊《汉官仪》书末有"绍兴九年三月临安府雕印"字一行。

《书集传》序末有"南豀精舍刊"及"至正乙酉"〔钟〕（武）〔式〕、"明复斋"鼎式墨印，末刻"至正乙酉菊节，虞氏明复斋刊"，又刊有《春秋（誌）〔诸〕传〔会〕通》，墨记同。

《（会）通志》序（録元）〔疏云〕："元兴时，命勒是书于三山郡学，以献于朝。吴绎为福州守，乃募（寮）〔僚〕属摹褙五十部，（献）〔散〕之江北诸郡。"是当时官刊官印之书也。

《经史证类大全本草》（房）〔序〕末刻"大德壬寅宗文书院刊行"，卷二标题下刻"春穀玉秋捐（贤）〔赀〕，命男大献、大成同校录"。

《困学纪闻》末刻"庆元路儒学学正胡禾监刊"。

《松雪斋文集》目录后刻"至元后己卯，花豀沈氏伯玉刻于家塾"。

宋刊《补汉兵志》跋后另行记有"王大昌于是年九月锓版漕廨，益广其传"，按是年即前跋嘉定乙亥也。

宋刊《管子》每卷末有图记二行，其文曰"瞿源（察）〔蔡〕潜道墨宝堂新雕印"，其卷终又有图记二行云"瞿源蔡潜（邑宝）〔道宅〕板行，绍兴壬申孟春朔题"。

元刊《困学纪闻》卷末之"孙厚孙、宁孙（核）〔校〕

正，庆元路儒学学正胡禾监刊"二行。

元刊《吕氏春秋》序后有"嘉兴路儒学教授陈泰校，吴兴谢盛之刊"一行。

宋刊《弹冠必用集》卷末有"绍熙甲寅岁，当涂县令沈邠刊于正己堂"二行。

元板《纂图分门类题注荀子》卷后别行"麻沙刘通判宅刻梓于仰高堂"十二字，卷一之后亦于别行刊"关中刘旦校正"，所谓刘通判者，当即是人。

世言毋昭裔始创雕板，其实家塾本始于昭裔，犹监本之始于冯道也。孙星如语。

《五代史·和凝传》："集百馀卷，自镂版行世。"

《癸辛杂（誌）〔识〕》："贾师宪选《十三朝国史会要》、诸杂（誌）〔说〕，（沈）如曾慥《类说》例，为百卷，名《悦（去）〔生〕堂随钞》。版成未及印，其书遂不传，其所援引多奇书。廖群玉诸书，则始《开景福华编》，备载江上之功，事虽夸而文可采。江子（连）〔远〕、李祥父诸公皆有跋。中略。惜其删落诸经注，（改）〔反〕不若韩柳文为精妙。又有《三礼节》《左传节》《诸史要略》及建宁所开《文选》。其后又欲开手节《十三经注疏》、姚注《战国策》、《注坡诗》，皆未及入梓，而国事异矣。"

明代家刻，除《藏书纪要》所行外，其著者尚有东吴郭云鹏、刊李、杜、韩、柳、欧阳诸文集。崑山叶氏菉竹堂、刊《拾遗记》。苏州世德堂（期）〔顾〕氏。刊《六子全书》及《拾遗记》。

收藏家有择古本重雕合成丛书者，宋元之间俞鼎臣有《儒学警（晤）〔悟〕》，左书（高）〔圭〕有《百川学海》。

孙星如曰："若虞山汲古阁毛氏（吾）〔晋〕及其季子扆，独刻书至百种，可谓盛矣。"

"清朝收藏之士，更（音）〔喜〕刻书，仿宋元本，有绝精者。校勘之勤，更非元明所及。如歙县鲍廷博之知不足斋、广（洲）〔州〕伍崇曜之粤雅堂，皆以私家之力，而刻书至数百种。其刻至数十种者，尤数见不鲜云。"

许古《新刊韵略序》："平水书籍王文郁见《礼部韵》严且简，私韵（文）〔又〕无善本，精加校雠，少添注语。仆尝披览，贤于旧本远矣。"

《（書）〔金〕史·地理》："平阳府有书籍。"其倚郭临（纷）〔汾〕县有平水，是平水即平阳也。所言"有书籍"者，盖置局设官于此。元太宗八年，用耶律楚材（之）〔言〕，立经籍所于平阳府，当是因金之旧。然则"平水书籍"，殆文郁官称耳。吴门黄荛翁所藏《平水新刊韵略》，元椠本也，前载正大六年许道真序，知此书为平水书籍，王文郁所定。卷末有（畧阁）〔墨图〕记二行，其文云"大德丙午重刊新本，平水中和轩王宅（即）〔印〕"，是此书初刻于金正大己丑，重刻于元大德丙午。"中和轩王宅"，或即文郁之后耶？至"平水书籍"者，殆文郁之官耳。

平水为金元时官民雕板之所。《道德宝章》卷首尾有木记题："金正大戊子，平水中和轩王宅重刊。"《重修证类本（章）〔草〕》为金泰和甲子刊本。平阳张存（鱼）〔惠〕因解人（廳）〔龐〕氏本，附以寇氏《衍义》，订辑重刊《证类本草增附衍义》，后署"大德丙午，平水许宅（即）〔印〕"。《尔雅注》序后有木记，序录刻书原委，末署"大德己亥，平水曹氏进德斋谨志"。《论语注疏解经》有"平阳府梁宅刊""尧都梁宅刊"字样。

叶昌炽云："道真序后署'书于嵩郡隐者之中和轩'，则王宅即为文郁之后，无可疑者。自正大六年己丑至大德丙午，已七十馀年，书林世业，亦北方之余〔氏〕矣。"

聊城杨氏藏金本《道德宝章》一书，卷首尾有木记题"金正大戊（午）〔子〕，平水中和轩王宅重刊"，盖即竹汀居士《潜研堂跋尾》中所谓平水书局本也。平水本各书，元大德反刻者偶或遇之，若金源旧椠，则致为罕觏。此本字作欧虞体，古秀遒劲，镌（即）〔印〕极精。

金刻《尚书正义》末卷《释文》后有"长平董溥校正"六字。考《金史·地理志》河东南路平阳府注云："有书籍。"临汾县注云："有平水。"又泽州高平县注云："有丹水。"《太平寰宇记》云："丹水一名长平水，水出长平故地。"然则董溥为高平人而称长平，犹（则）〔刘〕敏仲为临汾人而称平水，以（偏）〔编〕校平阳府所刊书籍，确有可信。

《金史》："金太宗八年六月，立经籍所于平阳，刊行经籍。"按金初以平阳为次府，置建雄军节度使。天会六年，升总（管）〔督〕府，置〔转〕运使，为上府。衣冠文物，甲于河东，故于此设局刊书，一时坊肆，亦萃于此。至元代，其风未衰，亦河北之麻沙建阳也。按《汉书·地理志》，尧都平水之阳。金时或以平阳近水之处谓之平水也。

私家镂板之善者，首推岳珂，岳珂传诸经二十三（年）〔本〕，专属本经名士，反覆参订，始命良工入梓，（老）〔今〕所传《相台岳（民）〔氏〕九经三传》本（题）〔是〕也。而兴国于氏及建安余氏亦称善焉。其时秘阁书库，储藏诸州印板书六千九十八卷，皆民间及监司郡守之所镂也。黄节语。

宋时刻书有七家，如衢守长沙赵（洪）〔淇〕、临（印）〔邛〕韩醇、临安〔鞔〕鼓（橘）〔橋〕南陈宅书铺、相台岳氏家塾、世（绿）〔綵〕堂廖氏、建安勤有堂、〔新安汪纲〕，〔惟余氏勤有堂〕则自宋至元明，世守其业。见《天禄琳琅·茶宴诗注》。

宋岳珂《相台书塾刊正九经三传沿革例》云"世传《九经》，自建、蜀、京、杭而下，有建安余氏本分句读，称为善本"云云。此书每卷后载"余仁仲比（较）〔校〕"，或"余氏刊于万卷堂"，或"余仁仲刊于家塾"，所谓建余氏也。又有刊"建安余氏印"，或"静庵余氏模刻"，或称"余氏勤有（書）〔堂〕刊"等样。

按：余氏勤有堂名之外，别有双桂堂、三峰书舍、广勤堂、万卷堂、勤德书堂诸名。其主有靖安、亦作靖庵。

唐卿、志安、仁仲诸〔人〕，盖皆余氏之宗人也。《平津（復）〔馆〕鉴藏记》："《千家集注分类杜工部集》及《分类李太白集》皆有'建安余氏勤有堂刊'篆书木记。别一本则将此记削去，而易以'汪谅重刊'字样。"①岂余氏入明，族浸式微，以旧板片售与汪谅者欤？

《九经三传沿革例》："《九经》世所传本，以兴国于氏、建安余氏为最善。"逮详考之，余本间不免误舛，不足以云善也。

《天禄琳琅续编仪礼图》："（足）〔是〕本序后刻'崇化余志安刊于勤有堂'。按宋板《列女传》载'建安余氏靖安刻于勤有堂'，乃南北朝余祖焕始居闽中，十四世（從）〔徙〕建安书林，习其业。二十五世余文兴以旧有勤有堂之名，号勤有居士。盖建安自唐为书肆所萃，余氏世业之，仁仲最著，岳珂所称建安余氏〔本〕也。"又："《礼记》每卷有'余氏刊于万卷堂'，或'余仁仲刊于家塾'。"

元刊《分类补注李太白诗集》，书中有"建安余氏勤有堂刊"篆文木记，（同）〔目〕录末叶板心记"至大辛亥三月刊"。按辛亥为元武宗至大四年，其时勤有堂之名尚存，盖建安余氏子孙皆世守其业者也。

又见《集千家注杜工部诗》目录后有"皇庆壬子"钟式木记、"勤有堂"炉式木记及篆文木记，卷二十五后皆

---

① 按《平津馆鉴藏记》仅著录建安氏勤有堂刊《分类补注李太白诗》，作者误记。此段记载实出《天禄琳琅书目》。

别行刊"皇庆壬子，余志安刊于勤有堂"，按皇庆壬子为元（任）〔仁〕宗元年。又一部有"广勤堂"木记。

建安余氏勤有堂，乃南北朝余祖焕始居闽中，十四世（從）〔徙〕建安书林，习其业。二十五世余文兴以旧有勤有堂之名，号勤有居士。盖建安自唐为书肆所萃，余氏世业之，仁仲最著，岳珂所称建安余氏本也。其所刊之书标"崇化余志安刊于勤有堂"木记，见《仪礼图》。或"建（靖）安余氏〔靖〕安刻于勤有堂"，见宋板《列女传》。或称"余〔氏〕刊于万卷堂"及"余仁仲刊于家塾"。见《礼记》。

《续东华录》载："乾隆四十年正月丙寅，（诸）〔谕〕军机大臣等：'近日阅米芾墨迹，其纸幅有"勤有"二字印记，未能悉其来历。及阅内府所藏旧板《千家注杜诗》，向称为宋椠者，卷后有"皇庆壬子余氏刊于勤有堂"数字。皇庆为元仁宗年号，则其板（似）〔是〕元非宋。继阅宋板《古列女传》，书末亦有"建安余氏靖安刊于勤有堂"字样，则宋时已有此堂。因考之宋岳珂《相台家塾》，论书板之精者，称"建安余仁仲"，虽未（列）〔刊〕有（書）〔堂〕名，可见闽中（诸）〔余〕板，在南宋久已著名，但未知北宋即以勤有名堂否。又他书所载，明季余氏建板犹盛行，是其世业流传甚久。近日是否相沿，并其家刊书始自北宋何年，及勤有堂名所自，询之闽人之官于朝者，罕知其详。若在本处查考，尚非难事。着传谕钟音，于建宁府所属，访查余氏子孙，见在是否尚习刊书之业，并建安余氏自宋以来刊印书板源流，及勤有堂昉于何代何年，今尚存否，〔或〕遗迹已无可考，仅存其名，并其家在宋时曾否造纸，有无印记之处。或考之志（集）〔乘〕，或征之传闻，逐一查明，遇便覆奏。此系考订文墨旧闻，无关政治，钟音宜选派诚妥之员，善为询访，不得稍涉张皇，尤不得令胥役等借端滋扰。将此随该督奏（报）〔摺〕之便，谕令知之。'寻据奏：'余氏后人余廷勷等呈出族谱，载其先世自北宋建阳县之书林，即以刊书为业。彼时外省板少，余氏独于他处购选纸料，〔印〕记"勤有"二字，纸板（货）〔俱〕佳，是以建安书籍盛行。至"勤有堂"名，相沿已久。宋理宗时，有余文兴号勤有居士，亦系袭旧有堂名为号。今余氏见行绍庆堂书集，据称即勤有堂故址，其年代已不可考。'"

临安府（临）〔睦〕亲坊南陈氏书棚本，唐人集最多，在宋椠中亦最精善。杨绍和所藏宋板《（本）〔韦〕苏州集》卷末称"临安府棚北大街陈氏印行"者[1]，即旧坊陈起解元也，曹斯栋《稗贩》以《南宋名贤遗集》刊于临安府棚北大街者为陈思，而谓陈起自居睦亲坊。然予所见《名贤》诸集，亦有称"棚北大街睦亲坊陈解元书籍铺印行"，是不为二地。且起之字芸居，思之字续芸，又疑思为起之后人也。按：《南宋群贤小集》，石门顾君修己据宋本校刻，

---

[1] "卷末称"至"后人也"系钱仪吉跋岳珂《棠湖诗稿》语，此言杨绍和藏《韦苏州集》者误。

亦疑思为起之子。思又著有《宝刻丛编》《宝刻类编》二书，尤为渊博。盖南宋时，临安书肆有力者往往喜文章、好撰述，而江钿陈氏其最著者也。《楹书〔偶〕〔隅〕录·韦苏州集》跋语。

方回《瀛奎律髓》："陈起，睦亲坊开书肆，自称陈道人，字宗之，能诗，凡江湖诗人皆与之〔善〕，尝刻《江湖集》以售。宗之诗有云：'秋雨梧桐皇子府，春风杨柳相公桥。'哀济邸而诮弥〔逮〕〔远〕也。或嫁其语于敖器之，言者论列，劈《江湖集》板，宗之坐〔添〕〔流〕配。"此事亦见周密《齐东野语》。

戴表元《题孙过庭〈书谱〉后》："杭州陈道人家印书，书之疑处，率以己意〔故〕〔改〕令〔诸〕〔谐〕顺，殆是书之一厄。"

杨复吉《梦〔蘭〕〔阑〕琐笔》："陈思汇刻《群贤小集》，自洪迈以下六十四家，流传甚罕。鲍以文诗云：'大街棚北睦亲坊，历历刊行字一行。喜与太丘同里〔闬〕，芸编重〔撥〕〔拟〕续芸香。'注云：'陈解元诗名《芸香稿》，子名续芸。'"

叶名澧《桥西杂记》："宋钱唐陈思〔苦〕〔著〕《宝刻丛编》，以记所见金石文字。临安陈起喜与文士交，刻六十二家诗，为《江湖小集》。"

又："陈思《宝刻丛编》前序有'陈思道人'之语。张氏金吾《爱日精庐藏书志》卷七'宋刻《释名》残本四卷'前有'临安府陈道人书籍铺刊'计十一字。按书贾称道人，今久不闻，亦未知何义。"

按：陈思所撰刻书有《小（名）〔字〕录》《海棠谱》，今皆存，又刻《唐人小集》数十家。

宋"临安府鞔鼓桥南河西岸陈氏书籍铺印"，考《杭州府志》，鞔鼓桥属仁和县境，今桥名尚沿其旧，〔与〕洪福桥、马家桥相次，在杭州府城内西北隅。魏了翁《鹤山集·书苑菁华序》云："临安鬻书人陈思，集汉魏以来论书者为一编，最为该博。"又《南宋六十家小集》，亦陈思汇编，书尾皆识"临安府棚北大街陈氏书籍〔铺〕刊行"。方回《瀛奎律髓》载："陈起，睦亲坊开书肆，自称陈道人，字宗之，能诗，凡江湖诗人皆与之善，尝刊《江湖集》以售。时又有卖书者，号小陈道人。"据此则当时临安书肆，陈氏多有著名，惟陈思在大街，陈起在睦亲坊，即今弼教坊，皆非鞔鼓桥之书铺也。《天禄琳琅·（寄）〔容〕斋随笔》目录后记。

《宝刻丛编跋》云："余无他嗜，（难）〔惟〕书癖殆不可医。临安鬻书人陈思，多为余收揽散逸。扣其颠末，辄对为响。一日，以其所粹《宝刻丛编》见寄，且求一言，盖屡却而请不已。发而观之，地世年行，炯然在目。呜呼，贾人窥书于肆，（向）〔而〕善其事若此，可以为士而不如乎！抚卷太息，〔书〕而归之。绍定二年，鹤山翁。"

"辛卯之秋，余箧中所藏书厄于郁攸之（炬）〔焰〕，因求所阙于肆。有陈思道人者，数持书来售。一日，携一编遗予曰：'此思所自集前贤勘定碑（法）〔誌〕诸书之目也，虽其文不能尽载，姑记其编目地里，与夫作者之姓氏。好事者得而观之，其文亦可因（是）〔时〕而访求。'余受而阅之，盖昔之《寰宇访碑录》之类，而名数加多，郡县加详，知其用心之良勤，因为之改目。夫以他人之书刊而货之，鬻书者之事也；今道人乃能自衷一书，以为好〔古〕博雅者之助，其亦异于人之鬻书者矣，故乐为题其篇端。绍定五年六月改朔，孔山居士书。"

《后村集》有《赠陈起》诗："陈侯生长繁华地，却以芸香自沐薰。炼句岂非林处士，鬻书莫是穆参军。雨檐兀坐忘春去，雪案清谈至夜分。何日我闲君闭肆，扁（再）〔舟〕同泛北山云。"

吴文英有《题陈宗之芸居楼》词，即睦亲坊开书肆陈道人也。

陈伯玉《宝刻丛编序》："都人（士）陈思，儥书于都市，〔士〕之好古博雅、搜遗猎忘以（是）〔足〕其所藏，与夫故家之（论）〔沦〕坠不振、出其所藏以求售者，往往交于其肆，且售且儥。久之，所阅滋多，望之能别真赝。"

杨复吉《梦阑琐笔》："陈思汇刻《（举）〔羣〕贤小集》，自洪迈以下六十四家，流传甚罕。鲍以〔文〕诗云：'大街棚北睦亲坊，历历刊行〔字〕一行。喜与太（郎）〔丘〕同里（衍）〔闬〕，芸编重拟续芸香。'注云：'陈解元诗名《芸香稿》，子名续芸。'"

（織）〔钱〕大昕《艺圃搜奇跋》："元末钱唐陈世隆彦高、天台徐一夔大章避兵檇李，相善。彦（商选）〔高箧〕中携秘书数十种，检有副本，悉以〔赠〕大章，汇而编之，世无刊本。"

《〔皕〕宋楼藏书志》："《宋诗拾遗》二十三卷，（照）〔旧〕抄本，元钱唐陈世隆彦高选辑。按世隆，书贾陈思之从孙。"

宋本《贾子新书》（日）〔目〕后有"建宁府陈八郎书铺印"一行，故称建本。

拜经楼吴氏藏宋刊书残本，亦建宁书铺刻本也。

残本《挥麈后录》卷首题"朝请大夫主管台州崇道观汝阴王（临）〔明〕清"一行，临安府陈道人书籍铺刊行本。

《读书敏求记》云："太庙前尹家书籍铺刊行本，有《茅亭客话》最佳，有元祐癸酉西平清真子石京序云'募工镂板，以广其传'，别行刊'临安太庙前尹家书籍铺行本'一行。"

《志雅堂杂抄》："先子向寓杭，收异书。太庙前尹氏，常以《采画三辅图》一部求售，每一宫殿，各绘画成图，甚精妙，为衢人柴氏所得。"

《士礼居题跋记》："《续（香）〔幽〕怪录》四卷，临安府太庙前尹家书籍铺刊行本也。《茅亭客话》，遵王记之，而此书绝未有著于录者，可云奇秘矣。"尚有康骈《剧谭录》，亦尹家书籍铺印行。

宋本《六家文选》昭明序后有"此集精加校正，绝无舛误，见在广都县北门裴宅印卖"木记。考《一统志·四川统部（志）〔表〕》载益州蜀郡，东晋分成都，置〔怀〕宁、始康二郡，又分广都县，置宁蜀郡。是广都县之称，得名最古。宋时镂版，蜀称最善。木记应是当时裴姓书（肆）〔肆〕所标，亦世綵堂之类也。

元刊《诗传通释》书中《诗传纲领》首叶于刘瑾署名次行有"建安刘氏日新堂校刊"九字，卷一末又有"至正壬辰仲春，日新堂刻梓"木记。考至正壬辰为元顺帝十二年，刘氏未详其名，想亦当时书贾也。《天禄琳琅》。

元刊《春秋胡氏〔传〕纂疏》凡例后有墨图记云"建安刘（张）〔叔〕简刊于日新堂"。按：日新堂，即建安刘锦（又）〔文〕书林名也。

贾人设（肆）〔肆〕雕板，印卖书籍，成一商业，盖始于唐季建安余氏。宋高文虎《蓼花洲闲录》载："祥符中，西蜀二举人至剑门张恶子庙祈梦。（二）〔梦〕神授以来岁状元赋，以'铸鼎象物'为题。至御试，题果出《铸鼎象物赋》，韵脚尽同。思庙中所书，一字不能上口，草草信笔而出。及唱名，皆被（點）〔黜〕；状元乃徐奭也。既见印卖赋，比庙中所见者，无一字异。"观此知宋初坊（肆）〔肆〕林立，已印卖新状元赋，如后来乡会试卷之风矣。

赵希鹄《洞天清录》："镂版之地有三：吴、越、闽。"

宋刊《括异志》目录后有"建宁府麻沙镇虞（张）〔叔〕

异（完）〔宅〕刊行”一行。

竹（订）〔汀〕居士（馆）〔跋〕《新唐书》云："卷末有木记一方云'麻沙镇水南刘仲吉宅，绍兴庚辰□（目）〔月〕志'。"

宋刊《选青赋笺》目录后有"建安王懋甫刻梓于桂堂"木记，乃书贾所辑以板行者。

元刊《九经》在《学》《庸》后识语有"至善堂记"。按至善堂是书贾坊名，其专刻经文，盖取便于行运所携，亦仍宋椠巾箱《九经》之意云。《天禄琳琅》。

元刊《资治通鉴纲目》序例后有"岁在上章敦（详）〔牂〕孟夏，魏氏仁实书堂新刊"分书木记。魏仁实，应是当时书贾姓字。《天禄琳琅》。

元刊《唐国史补》目录后有"董氏万卷堂本"篆书木记，较元椠他本，木记独精，此书贾中不苟于刻梓者。

元刊《中州乐府》卷末有墨图记云"至大庚戌良月，平水进德斋刊"。

元刊《黄帝灵枢经》目录后有"至元己卯，古林胡氏新刊"一行，卷一后有墨图记云"至元庚辰（葛）〔菖〕节，古林书堂印行"字样。

元刊《王氏脉经》目录后有"天历庚午岁，广勤叶氏刊"一行。

元刊《太平惠民和剂局方附指南总论》目录后有"建安（宋）〔宗〕文书堂郑天泽新刊"一行。钱竹汀藏本有建安高氏日新堂刊本，同为元刊，别一本也。

明刊《寒山诗》后有"杭州钱塘门里车桥南大街郭宅纸铺印行"一行，末有"比丘可立募众刊行"一行，板心有"三隐"字，刻板甚旧，印用茧纸。

《重刊尚书注疏》地理图中有款一行曰"平水刘敏仲编"，盖（印）〔即〕校刻之人也。

祝穆云："建宁崇化、麻沙二坊，号图书之府。"今所藏有建本、麻沙本，盖宋时坊书。"《茶宴诗注》。

《尖阳丛笔》云："宋板书多称麻沙。麻沙乃闽中坊名，宋时麻沙、崇化二坊，皆闽中翻刻书籍之所，而麻沙本流传尤多。"

祝穆《方舆胜览》："建宁府土产书籍行四方。"注："麻沙、崇化两坊产书，号为图书之府。"

《福建省志·物产门》："书籍出建阳麻沙、崇化二坊。麻沙书坊元季毁。今书籍之行四方者，皆崇化书坊所刻者也。"又："建安，朱子之乡，士子侈说文公，书坊之书盛天下。"

孙毓修云："建宁，今福建建宁府地。宋时领县（七）〔六〕：建安、浦城、嘉禾、松溪、崇安、政和。麻沙、崇化，盖建安城厢（房）〔坊〕之名，余氏书铺在崇化，不在麻沙，至正刊《（大）唐律疏〔议〕》后有记云'崇化余志安刊于勤有堂'，可证也。"

"又称崇川，《新纂门目五臣音注杨子法言》有'崇川余氏家藏'云云。或以祝氏云坊，遂指麻沙、崇化为宋时坊肆，误矣。"

朱子《嘉禾县学藏书记》："建阳麻沙板本书籍行四方者，无远不至。而学于县之学者，仍以无书可读为恨。今知县事姚始鬻书于市，上自《六经》，下及训传、史记、子集，凡若干卷，以充入之。"

周亮工《书影》引岳亦斋说："康伯可《顺庵乐府》，今麻沙尚有之。麻沙属建阳县，镌书人皆在麻沙一带。"

孙毓修曰："麻沙坊本，流传后世者甚多，有牌子可考者，如俞成元德、见宋麻沙本《草堂诗笺》。阮仲猷种德堂、《春秋经传集解》末有印记云"淳熙（忝）〔柔〕兆涒滩仲夏初吉，闽县阮仲猷"，《说文解字韵谱》末有墨记"丙辰（葛）〔菖〕节，种德堂刊"。刘氏南涧书堂。《书集传》后有"麻沙刘氏南涧书堂刊"牌子。"

《老学庵笔记》："三舍法行时，有教官出《易》义题云：'乾为金，坤又为金，何也？'诸生乃怀监本至帘前请曰：'先生恐是看了麻沙版，若监本则"坤为釜"也。'"《石林燕（谓）〔语〕》亦有此则。

《经籍访古志》："《方舆胜览》书（目）〔首〕有咸淳二年六月福建转运使司禁止麻沙书坊翻〔板〕榜文。"

施可斋《闽杂记》："麻沙书版，自宋著称。明宣德四年，衍圣公孔彦缙以请市福建麻沙版书籍咨礼部，尚书胡（濴）〔濙〕奏闻，许之，并令有司（佑）〔依〕值买纸摹印。弘治十二年，敕福建巡按御使厘正麻沙书版。嘉靖五年，福建巡按御使杨瑞、提督学校副使（印说）〔邵诜〕

请于建阳设立官署，派翰林春坊官一员监校麻沙书版。寻命（傅）〔侍〕读汪佃领其事，皆载礼部奏稿，是明时麻沙书曾设官监校矣。今则市屋数百家，无一书坊。或言建阳、崇安接界处有书坊村，所印之书，（偽）〔譌〕脱舛误，纸甚丑恶。数百年擅名之区，不〔知〕何时降至此也。

　　孙星如云："宋时书肆主人及其牌号，今可知者，如绍兴时王氏梅溪精舍、魏氏仁宝书堂、见《朱子大全集·〔按〕唐仲友文》。秀岩书堂、《增修互注礼部韵略》有"太岁丙午仲夏，秀岩书堂重刊"牌子。瞿源蔡潜道宅墨堂、刊《管子》。广都裴宅、《天禄琳琅》："《文选》昭明序后有'此集精加校正，绝无舛误，见在广都县北门裴宅印（卷）〔卖〕'木记。考《一统志·四川统部（志）〔表〕》载益州蜀（都）〔郡〕，东（香）〔近〕分成都，置怀宁、始康二郡，又分广都县，置宁蜀郡。是广都县之称，得名最古，宋时镂版，蜀最称善。此本字体结构（稱）〔谨〕严，镌刻工整，洵蜀刻之佳者。木记应是当时裴姓书肆所标，亦廖世（經）〔綵〕堂之例也。又一部云：'此集精加校正，绝无舛误，见在广都县北门裴宅印卖'，书末刻记'河东裴宅考订诸大家善本，命工锲于宋开庆辛酉季夏，至咸淳甲戌仲春工毕。把总镌（子）〔手〕曹仁。'"稚川世家传（授）〔梭〕堂、《司马氏书仪》光宗壬子刊本，末有墨图记云"传（授）〔梭〕书堂"、曰"稚川世家"。建安刘日省三桂堂，嘉祐时建邑王氏世翰堂、《史记索隐》卷末载"嘉祐二年，建邑王氏世翰堂镂板"。建安王懋甫桂堂、《选青赋笺》目录后有"建安王懋甫刻梓于桂堂"。建安郑氏（宋）〔宗〕文堂、《重刊大广益会玉篇》。建宁府王八郎书铺、刊《钜宋广韵》。建安虞平斋务本书坊、见《增刊校正王状元集注分类东坡先生诗》。建安慎（拙）〔独〕斋，《东莱先生晋书详节》。独建安余氏创业于唐，历宋元明不替世业，用为详征如下，以志书林之盛事云。

孙星如云："金元两朝官（攷）〔设〕书籍于平水，一时坊肆，亦聚于是。其他吴、越、闽（二）〔三〕处之盛，亦不减于宋。如杭州有刘世荣、大德十年刊《疯科集验方》。勤德堂、《皇元风雅》后有"古杭勤德堂谨咨"云云。万卷堂董氏、翠岩精舍、刊（印）〔郎〕注《陆（贾）〔宣〕公奏议》《大广益会玉篇》。安成有彭（实）〔寅〕翁、中统本《史记》后有牌子"安成郡彭寅翁刊于崇道〔精舍〕"[1]。玉融书堂、刊《增广事类氏族大全》。刘氏日新堂，至正丙辰刊《韵府》，后戊寅刊《春秋集传释义》。此皆有牌子可据，馀不能悉也。

胡应麟《经籍会通》言明时刻书綦详，胡氏略谓："今海内书，凡聚之地有四：燕市也，金陵也，阊阖也，临安也。闽、楚、滇、黔，则余间得其梓。秦、晋、川、洛，则予时友其人。辇下所雕者，每一〔当〕越中（之）〔三〕，纸贵故也。越中刻本亦希，而其（他）〔地〕适当东南之会，文献之衷，三吴七闽，典籍萃焉。吴会、金陵，擅名文献，刻本至多。（锥）〔钜〕册类〔书〕，咸会萃（马）〔焉〕。自本方所梓外，他省至者绝寡。（薪）〔燕〕中

---

① 　按彭寅翁崇道精舍刊本《史记》为元至元本，不为中统本。

书肆，多在大明门之右，及礼部门之外，及拱宸门之西。武林书肆，多在镇海楼之外，及涌金门之内，及弼教坊、清河坊，皆四达衢也。金陵书肆，多在三山街，及太学前。（始）〔姑〕苏书（肆）〔肆〕，多在阊门内外，及吴县前。书多精整，率其地梓也。"

　　清初武英殿版书籍，精妙〔迈〕前代，版片皆存贮殿旁空屋中。积年既久，不常印刷，遂为人盗卖无数。光绪初年，南皮张文襄之洞官翰林时，拟集赀奏请印刷，以广流传，人谓之曰："公将兴大狱耶？是物久已不完矣，一经发觉，凡历任殿差者，皆将获咎，是革数百人职矣，乌乎可？"文襄乃止。殿旁馀屋即为实录馆，供事盘踞其中，一屋宿五六人至三四人不等，以便早晚赴馆就近也。宿于斯，食于斯，冬日炭不足，则劈殿板围炉焉。又有窃版出，刮去两面之字，而售于厂肆刻字店，每版易京当十泉四千。合制钱四百。版皆红枣木，厚寸许，经二百年无裂痕。当年不知费几许金钱而成之者，乃陆续毁于若辈之手，哀哉！

　　文渊阁每年伏日例须晒书一次，十馀日而毕。直阁学士并不亲监视，委之供事下役等，故每晒书一次，必盗一次，亦有学士自盗者。惟所盗皆零本，若大部数十百本者，不能盗也。究其弊，皆以国为私之病，不公诸民而私诸官。不知官，流转无定者也；民则土著占籍，累世不迁者也。观东西洋各国博物院、藏书楼，皆地方绅士管理之，不经官吏之手，故保存永久焉。

活版源流

　　活版之兴，始自宋庆历中布衣毕昇，足为世界活板发明元始家，欧陆诸国莫之或先也。其法用（漆）〔膠〕泥刻字，薄如（纸）〔钱唇〕，每字为一印，火烧令坚。先设一铁板，其上以松脂、蜡和纸灰之类冒之。欲印，则以（银）〔铁〕范置铁板上，乃密布字印，满铁〔范〕为一板，持就火炀之，药稍熔，则以一平板按其面，则字平如砥。若（正）〔止〕印二三本，未为便易；若印〔数〕十百千本，则极为神速。常作二铁板，一板印刷，一板已（用）〔自〕布字，此印者才毕，则第二板已具，更互用之，瞬息可就。每一字皆有数印，如"之""也"等字，每字有（一）〔二〕十馀印，以备一板内有重复者。不用则以纸贴之，每韵为一贴，木格贮之。有奇字素无备者，旋刻之以草，草当谓草书。火烧瞬息可成。不以木为者，木理有疏密，沾水则高下不平，兼与药相粘，不可取；不若燔土，用毕（载）〔再〕火令药熔，而印自（若）〔落〕也，此活板之所始也。夫活板之兴，始自宋时，而其用不甚远，故明初收合宋金元之遗籍，未有以活板著录者。近世活板盛行，且易木而铅，其用益便，朝著一书，夕传万本。民知以迪，学术以昌，谓非受毕氏之赐哉！爰志之，以为制造家劝。补遗亭杂抄《梦溪笔谈》。

黄尧夫跋《开元天宝遗事》云："古书自宋元板刻而外，其最可信者，莫如明铜〔板〕活字本。盖所据皆旧本，刻亦在先也。诸书中有会通馆、兰雪堂、锡山安氏馆、建业张氏等名目，皆活字本也。"

钱竹汀跋《容斋五笔》活字本："明弘治八年锡山华煜序，板心有'会通馆活字铜版印'两行八字。"

又《太平御览》活字板，万历元年印竣。

锡山安氏活字本有《春秋繁露》《初学记》，板心上标"安桂坡刊"，每卷标题之下（工）〔又〕称"锡山安国校〔刊〕"。安国字（氏秦）〔民泰〕，所刊书甚多，有《颜鲁公集》《熊朋来集》《吴中水利书》。

沈括《笔（法）〔谈〕》记："宋庆历中，有毕昇为活板，以胶泥烧成。"而陆深《金台纪闻》则云："毗陵人初用铅字，（祝）〔视〕板印尤巧便。"斯皆活板之权舆。顾埏泥体粗，〔熔铅〕质软，俱不及锓木之工致。《聚珍版十韵序》。

邵文庄《会通君传》："会通君，姓华氏，讳燧，字文辉，无锡人。少于经史多涉猎，中岁好校阅同异，辄为辨（正）

〔证〕，手录成帙，遇老儒先生，即持以质焉。既而为铜字版以继，曰：'吾能会而通之矣。'乃名其所曰'会通馆'，人遂以'会通'称，或丈之，或君之，或伯仲之，皆曰'会通'云。君有田若干顷，称本富。后以劬书故，家少落，而君漠如也。三子：埙、（金）〔奎〕、壁。"

严元照《书容斋随笔活字本后》："此翻宋绍定间所刻，每番中缝上方有'弘治岁在旃蒙单阏'八字，下有'会通馆活字铜板〔印〕'八字，书后有华燧序。"

《天禄琳琅》："《白氏长庆集》每卷末有'锡山兰雪堂华坚活字铜板印'记。"考明活版之书，出于锡山安国家者，流传最广。华坚姓名，〔不〕见郡邑志乘，盖与安国同乡里，因效其以活板制书。

《无锡县志》："华（煜）〔珵〕，字汝德，以贡授大官署丞。善鉴别古奇器、法书、名画。筑尚古斋，实诸玩好其中。又多聚书，所制活板甚精密。每（日）〔得〕秘书，不数日而印本出矣。"

叶昌炽云："燧之子埙、奎、壁，名皆从土旁，埕、坚疑亦其群从，而'珵'为'埕'之误。余所见兰雪堂活字本又有《蔡中郎集》，甚精，目后有'正德乙亥春三月，锡山兰雪堂华坚允刚活字铜板印行'二行。"

明代有华允刚、安国，又创活字铜板法。清朝乾隆时代有韩人金简来华，将活字板旧法改良，名为"聚珍板"，所印各书颇精，亦为士林所鉴赏。

乾隆三十八年，诏甄择《四库全书》善本，刊刻流布。侍郎金简请以活字印行，名曰"聚珍板"，金简因综述其法，编《武英殿聚珍程式》一卷进呈钦定。凡为图十有六，为说十有九，视王祯《农〔书〕》所载法少变而用弥捷。

宋陈思撰《小字录》，明弘治间，吴郡孙凤以活字板印行。此板后归崑山吴氏，于"陈思纂次"一行后添"崑山后学吴大有校刊"一行。

孙毓修云："活字创于毕昇，而桂坡兰雪绍其芳；（中）〔巾〕箱（原）〔源〕于衡阳，而行密字展极其巧。"

马小进《中国文学论》云："考聚珍板之作，论者多为创自泰西，趣为文学播扬之权舆，而不知铅字、铜字悉作始于北宋，其时去今约一千载。考沈括《笔谈》记宋庆历中有毕昇为活字板，以胶烧成。而美国别持文学硕士，其论中国文学也，亦言当纪元后十世纪之际，铁匠毕〔昇〕创造铅字活版。又陆深《金台纪闻》则云毗陵人初用铅字，（祝）〔视〕版印尤巧便。至'聚珍'之名，则为乾隆所命，因彼厌'活字板'之名不雅驯，而以'聚珍'易之，有《诗十韵序》明其故。且谓康熙年间编纂《古今图书集成》，刻铜字为板，排印完工，贮之武英殿，历年既久，铜字或被窃缺少，司事惧干咎。适值乾隆初年钱贵，遂请毁铜字供铸，从之。但埏泥体粗，熔铅质软，俱不及锓木之工致。兹刻单字计二十万，虽数十种之书，悉可取给，而校雠之精，今更有胜于古所云者。是则乾隆所刊《四库全书》，乃木字而非铜铅矣。由此观之，中国文学之盛，盖有自也。"

明刻各书，以铜板活字本为最善，蓝格墨印，古色灿然。

傅沅翁云："明兰雪堂活字本，不下于宋刊本，而亦难得。"

《天禄琳琅》："南宋季年刊《毛诗》，宋活字本，《唐风》内'自'字横置，可证。考沈括《梦溪笔谈》：'庆历中有毕昇为活板，以胶泥烧成。'而陆深《金台纪闻》云：'毗陵人初用铅字，（祝）〔视〕板印尤巧。'则活字板实昉宋时矣。模印字用蓝色，尤稀见。"

刊工善劣_{鉴别附}

赵宋之初，雕板术始渐发达，是时官衙、学院、士子均知刊书行世。至南宋，此风更盛，通行之书，大都皆有印本，四川、福建、杭州等处书店林立，从此印刷事遂成一种文明事业。宋椠之书，校对精详，字画整齐，至今为世所珍。杂录。

《听雨记谈》："古人书籍皆手录，唐世始刻板，至宋末而益盛。麻沙至陋，临安坊间动辄刻板，然而灭裂者众矣。"

书贵宋元者何哉？以其雕镂不苟，校阅不讹，书写肥细有则，印刷清明，况多奇书，未经后人重刻，故海内名家评书次第，为价之轻重，以坟典、《六经》、《骚》、《国》、《史记》、《汉书》、《文选》为最，诗集及百家、医方次之，文集、道释二书又其次也。《书笺》。

凡刻之地有三：吴也，闽也，越也。蜀本宋最称善，近世甚希。燕、（闉）〔粤〕、秦、楚，今皆有刻，类自可观，而不若三方之盛。其精，吴为最；其多，闽为最；越皆次之。其直重，吴为最；其直轻，闽为最；越皆次之。屠隆著《书笺》。

藏书者贵宋刻，大都书写肥瘦有则，佳者绝有欧、柳笔法，纸质匀洁，墨色清纯，为可爱耳。若夫格用单边，间多讳字，虽辨证之一端，然非考据要诀也。予向见元美家班、范〔工〕〔二〕《书》，乃真宋朝刻之，秘阁特赐两府者，无论墨光焕发，纸质坚润，每本用澄心堂纸为副，尤为精绝。前后所见《左传》、《国语》、《老》、《庄》、《楚辞》、《史记》、《文选》、诸子、诸名家诗文集、杂记、道释等书约千百册，一一皆精好，较之元美所藏，不及多矣。张茂实《〔法〕〔清〕秘藏》语。

史称帝幸国子监，阅库书，问经版几何，邢昺对以："国初不及四千，今十馀万，版本大备。"以此知馆库所藏，亦皆版本。自是目录家网罗考订，纷然杂出。沿及元明，刊摹愈广，将欲博览遗书，尤以精究版本为重矣。《天〔錄〕〔禄〕后目》。

藏书而不〔知〕鉴别，犹瞽辨色，聋者听音，虽其心未尝不好，而〔才〕不足以济之，徒〔为〕有识者所笑，甚无谓也。如某书系何朝何地著作，刻于何时，何人翻刻，何人抄录，何人底本，何人收藏，如何为宋元刻本，刻于南北朝何时何地，如何为宋元精旧抄本，必须眼力精熟，考究确切。《藏书纪要》。

宋刻本书籍，传留至今，已成希世之宝，其未翻刻者及不全者，即翻刻过而又不全者，皆当珍重之，吉光片羽，无不奇珍，岂可轻放哉！《藏书纪要》。

《五杂俎·书》云："所以贵宋板者，不惟点画无讹，亦且笺刻精好，若法帖然。凡宋刻，有肥、瘦二种，肥者学颜，瘦者学欧，行款疏密，任意不一，而字势皆生动。笺纸古色而极薄，不蛀。"

宋刻有数种，蜀本、太平本、临安书棚本、书院学长刻本、仕绅（读）〔请〕刻本、各家私刻本、御刻本、麻沙本、茶陵本、盐茶本、释道二藏刻本、活字本，诸刻之中，惟蜀本、临安、御刻本最精。又有元翻宋刻本、明翻宋刻本、金辽刻本、元初刻本作宋刻本、明初刻本作元刻本、金辽刻本与宋刻本稍逊。而苏人又将明藩本、明蜀本、明翻宋刻本，（住）〔假〕刻本文序跋，染纸色，伪作宋刻，真赝杂乱，不可不辨。而宋元刻本，书籍虽真，而必原印初刻、不经圈点者为贵。《藏书纪要》。

宋叶梦得论天下印书，有"杭州为上，蜀本次之，福建又下"之语。当时《新唐书》成，朝廷重其事，故者特下杭州镂版，即为嘉祐奉敕所刊之本。

《（考）〔老〕学庵笔记》云："今天下印书，以杭州为上，蜀本次之，福建最下。京师比岁印版，殆不减杭州，但纸不佳。蜀与福建多以柔木刻之，取其易成而速售故也。"

朱竹（坨）〔垞〕《经义考》云："天下印书，福建本几遍天下。"

高深甫《燕（居）〔闲〕清赏笺·论藏书》云："藏书以资博洽，为丈夫（予）〔子〕生平第一要事。宋元刻书，雕镂不苟，校阅不讹，书写肥细有则，印刷清朗，况多奇书，未经后人重刻，惜不多见。佛（释）氏、医家二类更富，然医方差误，其害匪轻，尤以宋刻为善。宋人之书，纸坚刻软，字画如写，格用单边，间多讳字。用墨稀薄，虽着水（經）〔溼〕，燥无湮迹。开卷一种书香，自生异味。"

元刻不用对勘，其字脚、行款、黑口，一见便知。而洪武、永乐间所刻之书，尚有古意；至于以下之板，更不及矣。况明纪刻本甚繁，自南北监板以至藩院刻本、御刻本、钦定本、各学刻本、各省抚按等官刻本，又有闽板、浙板、广板、金陵板、太平板、蜀板、杭州刻本、河南刻本、延陵板、（五）〔王〕板、（表）〔袁〕板、樊板、锡安氏板、坊板、凌板、葛板、陈明卿板、内监厂板、陈眉公板、胡文焕板、内府刻本、闵氏套板，所刻不能悉数，惟有王板翻刻宋本《史记》之类为最精。北监板、内府板、藩板行款字脚不同，（表）〔袁〕板亦精，较之胡文焕、陈眉公所刻之书多而不及。其外各家私刻之书，亦有善本可取，所刻好歹不一耳。稚川凌氏与葛板无错误，可作读本。独有广、浙、闽、金陵刻本最恶。陈明卿板、闵氏套板亦平常。汲古阁毛氏所刻甚繁，（存）〔好〕者亦（经）〔仅〕数种。

前清御刻精刻，可与宋并，惟《全唐诗》虽极精美，惜乎校正犹为未尽也。

若外国所刻之书，高丽本最好，《五经》、《四书》、医药等书，皆从古本。凡中夏所刻，（而）〔向〕皆字句脱落、章数不全者，高丽竟有完全善本。《藏书纪要》。

宋翔凤序《铁琴铜剑（厫）〔楼〕书目》云："宋人近古，分行数墨，犹仍旧式。"又云："有明一代，（博）〔傅〕刻日多（乱）〔肊改〕错讹，妄删旧注，读者苦之，遂宝宋板。近百馀年，并元板而重，并影宋板而重之。"

"〔今人重宋椠书，谓〕必无错误，却不尽然。放翁《跋历代陵名》云：'近时士大夫喜刻书板而略不校雠，错本书满天下，更误学者，不如不刻之愈也。'是南宋初刻本已不能无误矣。张淳《仪礼识误》、岳珂《九经三传沿革例》所（摹）〔举〕各本，异同甚多，善读者当择而取之。若偶据一本，信以为必〔不〕可易，转为大方所笑。"予谓宋椠各书，有官板、坊板之殊，其刻之精粗，校之详略，原弗能一致。然彼时去古未远，陈编具在，渊源有续，付授匪诬，真面幸存，尚不至庐山罕见。即或间有讹误，大都传刊者无心之过，循文考义，亦易推求。非若后世謏闻小子，动辄率意妄改，遂令故步全移，迷津永坠。此遗篇坠简，莫不足资（足）〔是〕正，而宋椠所以可重也，（婴）〔要〕在学古之善读耳。倘胶柱鲜通，徒知墨守而不能旁征博引，以参订其异同是〔非〕，则所谓重宋椠者，不过

（各）〔如〕书估之取备庋阁而已，又岂真知宋椠者哉？

屠隆《书笺》云："国朝淳化中，以《史记》《前》《后汉》付有司摹印，自是书籍刊镂者益多，士〔大〕夫不复以藏书为意，学者易于得书，其诵读亦因灭裂。然板本初不是正，不无讹误，世既取板本为正，而藏本日亡，其讹误者遂不可正，甚可惜也。此论宋世诚然，在今日则甚相反，盖当代板本盛行，刻者工直重钜，必精加雠校，始付梓人；即未必皆善，当得十之六七。而抄录之本，往往非读者所急，好事家以备多闻，束之高阁而已，故谬误相仍，大非刻本之比。凡书市之中，无刻本者，则抄本（抄本）价十倍；刻本一出，钞本咸废不售矣。"

"汉魏六朝唐人集，宋刊为上，亦最难得，元刊及明正德以前单行本均佳。宋蜀本《唐六十家集》为第一佳本，《张燕公集》三十卷、《（推）〔权〕文公集》五十卷、《王子安集》二十卷、《骆宾王集》十卷，与世行本异。缪刻《李太白集》，即翻蜀本，故蜀本行款与缪刻《李集》同。全者虽得单种亦（抄）〔妙〕。"傅沅叔先生语。

傅沅翁云："看旧书固以宋元刊本为佳，然纸墨、刻工、种类亦不可不讲。大抵最可贵者，以子、史、集为上，而尤以古本如汉魏时人所著之书为难得。即以明板而论，如子、史、集三种，有古本者亦可贵，唐集次之，元又次之，明本又有黑口者为上，大都皆洪武前后刻本；其绿口者稍逊，以其刻在后也。经书除古本，皆可从略。"又云：

"凡唐元人集从《永乐大典》录出者，能得旧抄原本、旧刊本与《四库》本异者，最为上品。"

凡收藏者，须看其板之古今，纸之新旧好歹，卷数之全与缺，不可轻率。大略从《十三经》《二十一史》《三通》《三（礼）〔记〕》辨起。《十三经》，蜀本为最，北宋刻第一，巾箱板甚精，其次南宋本亦妙，唐本不可得矣，北监板无补板初印亦可，其馀所刻各有不同。《十七史》，宋刻九行十八字最佳。北宋本细字《十三经注疏》《十七史》亦精美可爱。南北朝各家经史，《汉书》字画甚精，其《十七史》北监本无补板初印本亦妙，《宋》《辽》《金》《元》四史以初印好纸者为佳，而零收杂板、旧板刻本凑成原印者，胜于南监本多矣。惟毛氏汲古阁《十三经》《十七史》，校对草率，错误甚多，不足贵矣。

藏书之道，先分经、史、子、集四部，取其精华，去其糠秕。经为上，史次之，子、集又次之。上二则《藏书纪要》。

高（源）〔深〕甫《论藏书》云："若宋板遗在元印或补欠缺，时人执为宋刻；元板遗至明初补欠，人亦执为元刻。然而以元补宋，其书犹未易辨；以明补元，内有单边、双边之异，且字刻迥然别矣。若明初慎独斋刻书，似亦精美。"《清赏笺》。

"近日作假宋板书，神妙莫测。将新刻模宋板书，特抄微黄厚实竹纸，或用川〔中〕茧纸，或用糊（扇）〔褙〕方帘（棉）〔绵〕纸，或用孩儿白鹿纸，筒卷用槌细细敲过，名之曰刮，以墨浸去臭味印成；或将新刻板中残缺一二要处，或（經）〔溼〕霉三五张，破碎重补；或改刻开卷一二序文（无）〔年〕号；或贴过今人注〔刻名〕氏留空，另刻小印，将宋人姓氏扣填两头。角处或用砂石磨去一角，或作一二缺痕，以灯火燎去纸毛，仍用草烟熏黄，俨（快）〔状〕古人残缺旧迹；或置蛀米柜中，令虫蚀作透漏蛀孔；或以铁线烧红，锤书本子，委曲成眼，一二转折，种种与新不同。用纸装衬绫锦套壳，入手重实，光腻可观，初非今书仿佛，以惑售者；或札夥（圈）〔囤〕，令人先声指为故家某姓所遗。百计瞀人，莫可窥测，多混名家，收藏者当具真眼辨证。"按：此论为《清赏笺》语，与屠赤水《考槃（遗）〔馀〕事·论宋板》一则大略相同，不知谁为郭象，谁为向子期也。

高丽本最古，辽海道萧公讳应宫监军时得何晏《论语集解》十卷，笔画奇古，如六朝初唐人隶书碑板，居然东国旧（刊）〔钞〕，卷末二行云："堺浦道祐居士重新命工镂刻，正（本）〔平〕甲辰五月吉〔日〕谨志。"未知"正平"是朝鲜何时年号。

《朝鲜八道图》一卷，所刻颇效《元和图志》例，镂板（模）〔橅〕雅，茧纸坚致，装潢悉依宋时工匠。东国奉箕子风教，留心图籍，其犹是古人之遗指与！钞遵王跋语。

《欣（詋）〔託〕斋藏书记》云："今（人）〔之〕挟书以求售者，动称宋刻，不知即宋亦有优劣，有大学本，有漕司本，有临安陈解元书棚本，有建安麻沙本，而坊本则尤不可更仆数。《青云梯》《锦绣段》，皆成于临场之学究，而刻于射利之贾竖，皆坊刻也，不谓之宋刻不可也。五十年以前，予与吴绣谷、赵勿药两君断断切究之，自矜以为独得之秘。汪一之即能登吾堂而哜吾胾，可不谓之夙有神解乎？"

鉴别宋刻本，须看纸色、罗纹、墨气、字画、行款、忌讳字、单边，末后卷数不刻末行、随文隔行刻，又须将真本对勘乃定。（各）〔如〕项子京《蕉窗九录》、董文敏《清秘录》，讲究宋板，仅〔举其〕大略耳。近又将新翻宋刻本去其年月、染纸色，或将旧纸印本伪作宋刻甚多。

宋人簿录，兼明板本（在）〔者〕，在独尤氏《遂初堂》为然。今为考之，于当时官司雕本，可知其略也。按尤氏著录，有杭本《周易》《周礼》《公羊》《穀梁》，旧监本《尚书》《礼记》《论语》《孟子》《尔雅》《国语》，京本《毛诗》，江西本《九经》，川本《史记》《前汉书》《后汉书》《三国志》《晋书》，严州本《史记》，吉州本《前汉》，越州本《前汉》《后汉》，湖北本《前汉》，杭州本《旧唐书》，川本小字、大字《旧唐书》，川本大字《通鉴》、小字《通鉴》。岳珂《九经三传沿革例》独详经部，其所举自建〔安〕余氏、兴国于氏外，有监、蜀、京、杭本、晋天福铜板本、京师大字旧本、绍兴初监本、〔监〕中见行本、蜀大字旧本、蜀学重刻大字本、中字本、又中字有句读附音本、潭州旧本、抚州旧本、建大字本、俗谓《无比九经》。婺州旧本、越中旧本。陆心源谓："蜀本皆（本）〔大〕字疏行，监本比川本略小，建本字又小于监本，而非巾厢。婺本款格略小。"

叶梦得曰："今天下印书，以杭州为上，蜀本次之，福建最下。"郎瑛云："宋时试策，以为井卦何以无象，（互）〔正〕坐闽本失落耳。盖闽俗专事取利，书坊村夫，遇各省所刻书价高便翻刻，卷数目录相同，而篇中多所减去，使人不知。故一部止货半部之价，人争购之。"此又有宋一代板籍良窳之大较已。

宋时家刻善本，传者颇多，如相台岳氏珂刻《五经》，眉山程舍人家刻《东都事略》，建安黄〔善〕夫、（之）〔三〕衢蔡梦弼刻《史记》，永嘉陈玉父刻《玉台新咏》，（冠）〔寇〕约刻《本草衍义》，崔尚书宅刻《北碉文集》，祝穆刻《方舆胜览》，皆博采善本，手较异同，非率尔雕印者。元人家塾本，如花溪沈伯玉家所刻《松雪斋集》，字仿文敏，摹刻最精。

胡应麟《经籍（全）〔会〕通》云："凡刻之地有三：吴也，越也，闽也。蜀本宋称最善，近世甚希。燕、粤、秦、楚，今皆有刻，类自可观，而不若三方之盛。其精，吴为最；其多，闽为最；越皆次之。其直重，吴为最；其直轻，闽为最；越皆次之。

刊书字体

《天禄琳琅》："句中正字坦然，益州华阳人。孟昶时，授崇文馆校书郎，复举进士及第，为〔曹〕、潞二州录事参军，精于字学，古文、篆、隶、行草无不工。太平兴国二年，献八体书，授著作佐郎、直史馆，历官屯田郎中，书后雍熙三年敕新校定《说文解字》牒文称：'其书宜付史馆，仍令国子监雕为印板，依《九经》书例，许人纳纸墨价钱收赎。兼委徐铉等点检、书写、雕造，无令差错，致误后人。'"

《宋史》："赵安仁字乐道，河南洛阳人。雍熙二年登进士第，补梓州榷盐院判官。会国子监刻《五经正义》版本，以安仁善楷书，遂奏留书之。直集贤院，历官御史中丞，谥文定。"

《欣託斋藏书记》："汪子一之，性无他嗜，壹意于群籍，补其遗脱，正其讹缪，储蓄既多，鉴别尤审。"又云："宋刻《两汉书》，板缩而行密，字画活脱，注有遗落，可以补入，此真所谓宋字也。汪文盛犹得其遗意。元大德板幅广而行疏。钟人杰、陈明卿辈稍缩小之，今人错呼为宋字，拘板不灵，而纸墨之神气薄矣。"元代不但士大夫学赵书，如鲜于困学、康里子山，即方外如伯雨辈，亦刻意力追，且各存自己面目。其时（各）〔如〕官本刻经史，私家刻诗文集，亦皆摹吴兴体。至明初，吴中四杰高、杨、张、徐，尚沿其法，即刻板所见，如《茅山志》《周府袖珍方》，皆狭行细字，宛然元刻，字形似作赵体。沿至《匏庵家藏集》《东里文集》，仍不失元人遗意。至正德时，慎独斋《文献通考》细字本，远胜元人旧刻，大字巨册，仅（状）〔壮〕观耳。迨至万历季年，风行书帕礼书，不求足本，但取其名。如陈文庄、茅鹿门、钟人杰辈，动用细评，句分字改，各详时文。然刻书至此，全失古人真面，顾千里拟之秦火，未为苛论也。

《曝书（亭）〔杂〕记》云："宋字滥觞于明季。国初刻书，多有倩名手楷写者。侯官林佶吉人写渔洋、午亭、尧峰三家诗文集，当时印本极精。陈文道所著书，其子黄中缮写也。秀水朱梓庐《小（李）〔木子〕诗三刻·梓庐旧稿》为同邑辜启文书，仿柳诚悬体；《壶山自吟稿》嘉兴陈寅新箓书，用文衡山体；《侯宁居偶咏》为先生兄子声希吉两书，体兼颜赵，亦吾乡一佳刻也。

尧峰同郡人薛熙半辑《明文在》百卷，康熙三十一年，其门人吴县倪（裔）〔儒〕亦云缮写付梓。钱大镛为《凡例》云：'古本俱系（新）〔能〕书之士，各随其字体书之，无有所谓宋字也。明季始有书工，专写肤廓字样，谓之宋体，庸劣不堪。'余尝以此言验所见书，成化以前刻本，虽美恶不齐，从未有今所谓宋字者，知《明文在凡例》之言不谬。然宋体写刻之工，亦大有高下，若其佳者尚可观，必欲如宋元刻书之活脱有姿态，良工亦能为之，惟工料数倍，卷帙繁重者，势有不能。盖今之板价工价，倍增于前，而刻工俱习为宋体书。若欲楷写，必倩名手，刻工之拙者，亦不能奏刀也。"

宋刻不但官私刊本皆有欧、赵笔意，即刻亦皆活脱有姿态，宋元时官私刊，多记缮写人姓名，不但刻工也。曾见麻沙本《文心雕龙》末刻"吴人杨（风）〔凤〕缮写"，《松雪斋集》末刻"至元后己卯良月十日，花谿沈璜伯玉书"。明本亦有书者，所见《说文》末记"秣陵陶正昌写"，《野（刻）〔客〕丛书》末记"长（州）〔洲〕吴曜书"。宋元时刻工姓名皆记于板心，或在上方，或在下方，盖亦古者物勒工名之意也。后世刻书省费，剞劂不精，遂亡之矣。

"黄尧翁得宋板《鱼玄机集》，共二十馀叶，大字欧体，乃宋椠之最精者，装潢为蝴（牒）〔蝶〕式。后为一达官某所赏，倩许翰屏影模上板，又托改七芗补绘玄机小象于卷首。模本（镌）〔镂〕工，不下原刻。时为嘉庆中叶，惜其时只印一次，流传甚少耳。"按：许以书法擅名当时，刻书之家均延其写样，如士礼居黄氏、享帚楼秦氏、平津馆孙氏、艺芸书舍汪氏，以及张古馀、吴山尊诸君所刻影宋本书籍，皆为许手书。一技足以名世，（询）〔洵〕然。

北宋印《六臣注文选》，大小字皆有颜平原法。按明董其昌跋颜真卿书《送刘太冲序》后有"宋四家书派皆宗鲁公"之语，则知北宋人学书竞习颜体，故摹刻者亦以此相尚。其镌手于整齐之中，寓流动之致，洵能不负佳书。至于纸质墨光如漆，无不各臻其妙。

元刊《六书统》，杨桓考集。杨凤工篆籀，全书皆其手写，故世特重之。

元刊《汉泉曹文贞公诗集》，胡益编录。写刻甚精，书法似赵文敏，殆即益所书也。

元刊《渊颖吴先生集》，宋濂编，末有"金华后学宋璲誊写"一行。按璲字仲温，宋文宪次子，官中书舍人，工篆隶真草，年三十七而殁。此书为其手写，古雅可爱，尤足珍也。

刻书宋体字，人必谓起原于宋，故曰宋体字，而孰知不然。杭董浦《欣託斋藏书记》云："宋刻《两汉书》，板缩而行密，字画活脱，注有遗落，可以补入，此其所谓宋字也。汪文盛犹得其遗意。元大德板幅广而行疏。钟人杰、陈明卿稍缩小，今人错呼为宋字，拘板不灵，而纸墨之神气薄矣。"夫宋字实滥觞于明季，薛熙半（團）〔園〕辑《明文在》百卷，康熙三十一年，其门人吴县倪（裔）〔霤〕亦云缮写付梓。钱大镛为《凡例》云："古本俱系能书之士，各随其字体书之，无有所谓宋字也。明季始有书工，皆写肤廓字样，谓之宋体，庸劣不堪。"嘉兴钱泰吉辅宜亦言："以大镛之言验所见书，成化以前刻本，虽美恶不齐，从未有今所谓宋字者，知《明文在凡例》之言不谬。"

刊书牒咨 讳避附

彭文勤《金史跋》云："予曾见一本，前有江浙行中书省牒略云：'皇帝圣旨里，江浙行中书省，至正五年六月二十六日，准中书省咨。至正五年四月十三日，笃怜帖木儿怯薛，第二日，沙岭纳钵斡脱里，有〔时〕分，阿鲁秃右丞相等奏："去岁教纂修《辽》《金》《宋》三代史书，即日《辽》《金》史书纂修（公）〔了〕。有如今将这史书，令江浙、江西二省开版，就彼有的学校钱内就用，急早教印造一百部来呵。怎生奏呵，本圣旨，那般者，钦此。"于〔是〕本省委参免政事、左右司都司提调，下江浙儒司，委自提举校正。杭州路委文资正官首（钦）〔领〕官提调锓印装背褙。至九月日，成书。'乃初成书之年刊印官本，不特可资正定，且足知当时条格也。"

元刊《农桑辑要》七卷，"延（右）〔祐〕元年，皇帝圣旨里，这农桑册子字样不好，教真谨大字书写开板"。

盖元朝以此书为劝民要务，故郑重不苟如此。序后资行结衔，皆江浙等处行中书省事官，则知是板刊于江南，当日流布必广。

元刊《石田先生文集》十五卷有："皇帝圣旨里，江北淮东道肃政廉访使苏嘉议牒：'伏睹故资德大夫御史中丞知经（延）〔筵〕事马祖常，拟今照依（右）〔左〕丞王结例，抄录遗文，于淮东路学刊板传布，（中书）〔申〕覆御史台照详去。'后至元五年九月二十九日，承奉宪台札付，仰依上施行可照验。差人抄录本官文集，委自总管不花申议，不妨本职提调刊印，仍选委名儒，子细校雠无差，发下本路儒学，依上刊板传布施行，须至牒者。"是书雕造精妙，为元刊中之上驷，简端具此牒文，统录之，藏书家以见元时隆重硕儒，敦崇积学，非晚近世可几及也。

元刊《战国策》卷首有牒文云："皇帝圣旨里，江南浙西道肃政廉访司平江路守镇分司准司官金事伯颜帖木儿嘉议牒：'尝谓著书立言，乃儒者之能事；阐幽显善，实风宪之良规。事有干于斯文，述宜永于来世。切睹《战国策》乃先秦故书，群经之亚，记事之首，辞极高古，字多舛误。在汉则（别而）〔刘向〕校定，高诱为注，已病其错乱相（揉）〔糅〕。宋则曾巩、鲍彪再校重注，用意益勤，为说各异，读者病焉。故礼部郎中吴君师道悯是书之靡定，惧绝学之无闻，参考诸书，折衷众说，存其是而正其非，阙其（格）〔疑〕而补其略，使当时之事迹文义，显然明白，如指诸掌，其有益于来学也，功亦大矣。然而简帙既繁，抄录莫便，匪锓诸梓，曷传于时？烦为移牒平江路，于本路儒学赡学钱粮内，命工刊行，以广其传。为此牒请照验施行。'准此，宪司今将《校注战国策》随此发去，合行故牒可照验，委自本路儒〔学〕教（援）〔授〕徐震、学〔正〕徐昭文、学录郏经，（石）〔不〕妨学务，提调校勘，命工刊锓，合用工价，通行除破。开牒稽考先具，不致违〔误〕，依准牒来，须至牒者。牒件今牒平江路总管府照验，故牒。至正十五年六月二十一日牒。"

（元）〔明〕刊《静修先生文集》卷首有牒文一道云："皇帝圣旨里，江南浙西道肃政廉访司准本道金事哈剌那海儒林牒：'尝谓国有名贤，幸遗言之未泯；职司风纪，惟见义则必为。切睹故征士集贤学士、嘉议大夫、赠翰林学士资德、追封容城郡公、谥文靖静修先生刘因，负卓越之才，蕴高明之学。说经奚止于疏义，为文务去乎陈言。行必期于古人，事每论乎三代。汉唐诸子，莫之或先；周邵正传，庶乎可继。户外之履常满，（印）〔丘〕园之帛屡来。咸虚往而实归，竟深居而简出。虽立朝不逾于数月，而清节可表于千年。慨想高风，盖已廉顽而立懦；访求故稿，所当微显而阐幽。考诸学官，或文有可采，或事有可录，皆得锓梓以传。况先生诗文大关世教，岂容独缺？今抄录诗文附录共三十卷，于各路儒学钱粮多处刊行传布，则上可以裨国家之风化，下可以为学者之范模。牒请照验施行。'准此，宪司今将上项文籍九本随此发去，合行故牒可照验，依上施行，须至牒者。牒件今牒嘉兴路总管府照验，故牒。至正九年九月十一日。"

元刊《秋涧先生大全文集》卷首有咨文一道云："皇帝圣旨里，中书省御史台呈：'据监察御史呈："切见故翰林学士秋涧王文定公，文才博雅，识见老成，乃中州之名士也。顷在翰林，暨居台（寮）〔察〕，观其因事匡时，立言传世，未尝不以致君泽民为心，端本澄源是务。进呈《承华事略》，蒙裕宗皇帝嘉纳，俾诸皇孙传观，宏益良多。近日又蒙圣上特命张司农等再行（给）〔绘〕写，以赐东宫，若非深有可取，岂能若是哉？即系两朝御览珍重，文集□有《元贞守成事鉴》《中（书）〔堂〕事记》《乌台笔补》《玉堂嘉话》，并其馀杂著，光明正大，雅健雄深，皆出于仁义道德之奥，裨益政务，有关风教，足为一代之伟观。故追赠制词有云：'观其遗书，盖抱经纶之志；询夫成迹，岂徒黼黻之才。惟先朝蓍蔡之是稽，（翳）〔繄〕后生斗山之所仰。'其子太常礼仪院司直公孺，编类成书，计一百卷，字几百万，家贫不能播刊，无以副中外愿见之心。翰林国史院已尝为言，未蒙定夺。若依秘书少监杨桓《六书统》、郝奉使《文集》例，具呈都省，移咨江浙、江西行省，于学田子粒钱内刊行，昭布诸路学校，以示后进，非唯儒风有所激励，实彰圣朝崇儒之盛事也。具呈。"照详得此，送据礼部呈，照到郝文忠例，著述《陵川文集》十八册，《三国志》三十册，已经具呈都省，于江南行省所辖儒学钱粮多处就便刊行去讫。本部议得翰林学士王秋涧文集，合准监察御史所言，比（佑）〔依〕郝文忠公例，移咨江浙行省有儒学钱粮内就便刊行，相应具呈。'照详得此，照得《郝文忠公文集》已咨江西行省委官提调如法刊毕，各印二十部，装褙完备，咨来去讫。今据见呈，今将《秋涧王文定公文集》随此发去都省，合行移咨请照验依上施行。须至咨者。右咨江浙行中书省。"

元刊《雍虞先生道园类稿》有牒文一道云"皇帝圣旨里，江西湖东道肃政廉访〔使〕司准本道廉访使太中〔议〕牒：'尝谓文以载道，匪尚空言；制作之兴，有关时运。三代远矣，两汉尤为近古，八代之衰，文益弊而道益晦。唐昌黎韩愈以天挺之资，出而名世，后学仰之，如泰山北斗。钦惟我圣元区宇光大，治化休明，时运之盛，亘古所无。而任制作之重，亦必有其人焉。伏睹前翰林奎章学士、资德大夫虞集，阀阅名家，久居禁近，以文章道德黼黻皇猷，后韩子而继〔出〕者，士论有所归矣。其所著诗文若干卷，前福建闽海道廉访副使幹玉伦徒已尝命有司锓梓，然字画差小，遗逸尚多。抚州路乃本官寓间之地，如蒙移文本路详加编录，大字刊行，岂惟可以为法后学，实足以彰国家制作之盛。牒请照验施行。'准此，（着）〔看〕详学士虞翰林所著文章，词华典奥，追唐韩、柳之风；体制精严，绍宋欧、苏之作。俾锓诸梓以传世，实足模范于将来。如准廉使太中所言，允符公论。为此宪司（令）〔合〕行故牒，可照验委自正官提调，选委名儒子细校雠无差，发下本路儒学，依上刊（校）〔板〕施行。先具依准牒来。须至牒者。牒件今牒抚州路总管府照验，故牒。至正五年五月日。"

抄本《燕石集》卷首有牒文云："皇帝圣旨里，中书省御史台呈：'据监察御史段弼、杨惠、王思顺、苏宁等呈："尝谓文章天下之公器，不可无传；荐敳言责之所先，讵容缄隐。窃见故翰林直学士、亚中大夫、知制诰、同修国史、兼经筵宋褧，行修而洁，学正以醇。识量宏远，而能守乎坚贞；文章倩丽，而不越乎轨范。与（先）〔兄〕本俱由进士（呈）〔并〕擢巍科，旋历清显，一时声华，缙绅奕煜。观其翰林供奉、史馆著述之暇，作为诗文、记序、碑铭、杂文一十五卷，或严谨纯正，或瑰玮雄瞻，或清（娩）〔婉〕富丽。出入乎马、班之场，游骋乎严、徐之行，颉颃乎沈、谢之间。是皆无忝，诚可表仪后进。宜从宪台具呈中书省，于行省有钱粮学校，官为刊行，不惟斯人有光，亦可以彰我朝文治之盛。具呈。"照详得此，送据礼部〔呈〕拟，得上项事理，合准监察御史所言依拟刊行。如蒙准呈照，宜从都省咨移江浙省，于各路有钱粮学校内刊印行。'呈详得此，都省合行移咨，请照验依上施行。须至咨者。至正八年八月日。"

《玉海·例言》："宋时极重庙讳，如'桓谭'为'亘谭'，'（苟）〔荀〕勖'为'（苟免）〔荀勉〕'，'魏徵'为'魏证'，及'贞观'作'正观'，'胤征'作'嗣征'，'宫县'作'宫垂'，'桓圭'作'植圭'，'姤卦'作'遇卦'，此类等多。"《鼠璞》："本朝避嫌名，如勾姓本避高宗讳，故改（姓）〔音〕钩，或加金于傍，或加丝于傍，或加草于上，或改为句，或（憎）〔增〕为勾龙，实同一勾也。今读勾践作平声者本此。"又《史纬》："勾龙如渊，永康（年）〔军〕人。勾姓，本古勾芒。高宗即位，避御名，更勾为龙，因呼为勾龙氏。"

《五杂俎》："真德秀原姓慎，因避孝宗讳而改。"

宋时避君上之讳最严，宋板诸集中，凡嫌名皆缺不书，如英宗名曙，而"署""树"皆云嫌名，不知"树"音原不同“署”也；钦宗名桓，而“完”亦云嫌名，不知“完”音原不同“桓”也；仁宗名祯，而“贞观”改作“正观”，“魏徵”为“魏证”，不知“征”“贞”不同音也。又可怪者，真宗名（桓）〔恒〕，而朱子于书有“（桓）〔恒〕”独不讳，不知其解，或以亲尽而祧耶。

宋元椠官书避讳较甚，麻沙坊本每多不避，固不以避之详略定真赝也。

大中祥符七年六月，禁内外文字不得（下周）〔斥用〕黄帝名号故事，其经典（膺又）〔舊文〕不可避者阙之。

《宋史·真宗纪》亦载禁斥黄帝名号事，宋本《史记》遇“轩辕”二字，辄缺末笔也。

宋刊书所避之讳分列如左：

【圣祖】玄朗：悬县駭玹玹伭昡弲泫訇胘眩閔謚妶獧朗褨眼佷崀榔烺飠粮悢誏眼烺䀶脼硠（榔）狼筤阆浪埌蚿弦曞犳

【太祖】匡胤：筐郞眶劻洭髩距蛀莲輕頣眶框闇（廷）〔迋〕胷酳靷朄鈏軸酌涓潫戭螾㣟恇脏引軸蠥桁杓

【太宗】炅、光义：颎烔（铜）〔餇〕泂耿蝙顈（脊）〔昚〕扃憬皛鎣颖豍褧吞

【真宗】恒：峘姮佷楦

【仁宗】祯：桢贞侦　媜徵癥浈隕賔損禦寘（於）〔扵〕

【英宗】曙：署抒睹藷櫧薯（譯）潳嬕树澍澍（儓）

〔偌〕尌髹僎裋襭（薔）佢竪瞶赎襡属媵

　　【神宗】顼：旭勖胸顝髓珦帑

　　【哲宗】煦：昫胸酶酴姁昫歛休咻蝠蚼霮遝（蝠）

　　【徽宗】佶：姞佹饻鮚吉咭（芑）〔芞〕趌猜匂郅

　　【钦宗】桓：完梡丸莞垣亘挠院峘綄垸羱阮轅鲩皖
（愌）〔梡〕藀

　　南宋【高宗】构：遘媾搆沟觏姤诟觳

　　【孝宗】慎、昚：（昚）〔嵮〕援让廛

　　【光宗】惇：敦墩敦蜳郭鹑（珉）〔弡〕

　　【宁宗】扩：廓郭椁鞟鞟彍礭

　　【理宗】昀：匀畇夘沟矷驯巡

　　【度宗】禥

　　【恭宗】㬎

　　【端宗】

　　【帝昺】

广告权舆

宋刊《春秋经传集解》，卷末有墨围识语云："谨依监本写作大字，附以释文，三复校正刊行。如履通衢，（事）〔了〕亡室疑窒。碍处，诚可嘉矣。（畫）〔兼〕列图（志）〔表〕于卷首，（迹）〔迹〕夫唐虞三代之本末源流，虽千岁之久，豁然如一日矣，其明经之指南欤。以（足）〔是〕衍传，愿垂（请）〔清〕鉴。淳熙（東）〔柔〕兆涒滩中夏初（告）〔吉〕，闽山阮仲猷种德堂刊。"

宋本《类编增广黄先生大全文集》目录后有碑牌云："麻沙镇水南刘仲吉宅近求（列）〔到〕《类编增广黄先生大全文集》五十卷，比（比）〔之〕先印（刊）〔行〕者增三分之一。不欲私藏，庸镂木以广其传，幸学士（谨）〔详〕鉴焉。（轨）〔乾〕道端午识。"

宋本《后汉书》目录后有木记云："本家今将《（落）〔前〕》《后汉书》精加校（正）〔证〕，并写作大字，锓版刊行，的无差错，收书英杰，伏望炳察。钱唐王叔边谨（啓）〔咨〕"。又"武夷吴骥仲逸〔校正〕"题（路）〔款〕一行。

元刊《大元圣政典章新集（臺）〔至〕治条例》细目有题记云："《大元圣政典章》，自中统建元至延祐四年所降条（一）〔画〕，板行四方，已有年矣。钦惟皇朝政令诞新，朝纲大振，省台院部，恪遵成典。今谨自至治新元以迄今日，颁降条画及前所未（颁）〔刊〕新例，（搜）〔类〕聚梓行，使官有成〔规〕，民无犯法，其于致治，岂小补云？"又有刊书人记云："至治二年以后新例，候有颁降，随类编入梓（则）〔行〕，不以刻板已成，而靳于附益也。谨咨。"

元刊《四书笺注批点》一书有小启文曰："两（防）〔坊〕旧刻《四书》讹谬不一。今得金华鲁（高）〔斋〕王先生批点笺注正本，仍分章（首）〔旨〕，明〔？〕义，正句读，附释音。端请名儒三复校正，经注大字鼎新绣梓，视他本实为明备，愿与四方学者共之。至正丙申孟春，翠岩精舍谨识。"

元刊《（亦）〔尔〕雅》序后有墨记云："一物不知，儒者所耻。闻患乎寡而不患乎多也。《尔雅》之书，汉初尝立博士矣，其所载精粗钜细毕〔备〕，是（又）〔以〕博物君子（所）〔有〕取焉。今得郭景纯集注善本，精加订正，殆无毫发讹舛，用（授）〔锓〕诸梓，与四方学者共之。大德己（矣）〔亥〕，平水曹氏进德（高）〔斋〕谨志。"

101

元刊《宋史全文（读）〔续〕资治通鉴附宋季朝事实》目录前有木记云："《宋史通鉴》一书，（元）〔见〕刊行者节略太甚，读者不无遗恨焉。本堂今得善本，乃名公所编者，前宋已盛行于世，今再绣诸梓，与天下士大夫共之。诚为有用之书，回视他（书）〔本〕，大相径庭，具（服）〔眼〕者（尚）〔必〕蒙赏音，幸〔鉴〕。"

元仿宋刊《（揭）〔扬〕子法言》序后墨印六行云："本宅今将监本四子纂图互注附入重言重意，精加校正，兹无讹谬，誊作大字刊〔行〕，务令学者得以参考，互相发明，诚为益之大也。建（支）〔安〕□□□谨咨。"

元刊《刘河间伤寒直格》目录前有记云："伤寒方论，自汉长沙张仲景之后，惟（落）〔前〕金河间刘守真深究厥旨，著为《伤寒直格》一书，诚有（盖）〔益〕于世。今求（列）〔到〕江北善本，乃临川（高）〔葛〕仲穆编校，敬刻梓行，嘉与天下卫生君子共之。岁次癸丑仲冬，妃仙陈氏书堂刊。"

宋本《尚书精义》目后有启一段云："《书》解数百家，或泛而不切，或略而未备，或得此而失彼，或互见而叠出，学者病之。释褐黄公以（足）〔是〕应举，尝取古今传注及文集、语录，研精而剪截之，片言只字有得（千）〔乎〕经旨者，纂辑无遗，类为成书，博而不繁，约而有实，造浑灏噩之三昧，非胸中衡鉴之明，焉能去取若是？（者）〔志〕于经学者，倘能嚅哜是书，不必（也）〔他〕

求矣。余得之，不敢以私，（致）〔敬〕锓木与天下共之。所载诸儒姓名，混以古今，余不暇（须）〔次〕其先后，观者自能辨（三）〔之〕。（浮边）〔淳熙〕庚子腊月朔旦，建安余氏万卷堂谨书。"

明翻宋板《六经图》之后（之）〔云〕："夙遇是书，（有）〔如〕获和璧，不忍私藏，（全）〔今〕公海内。第图象俱精，字纸兼美，一照宋板，校刻无讹。视夫妄意增改者，悉啻悬殊。博雅君子，当自鉴之"云云。

版权溯源二名纸附

今人之书，末盖板权印记，初以为仿自太西，读元本《古今韵会举要》熊史自序后有木记云："窠昨〔承〕先师架阁黄（上）〔公〕在轩先生委刊《古今韵会举要》凡三十（巷）〔卷〕，古今字画音义了然在目前，诚千百年间未睹之秘也。今绣诸梓，（之後）〔三復〕雠校，（至）〔並〕无讹误，愿与天下（之）〔士〕大夫共之。但是编系（初）〔私〕著之（又）〔文〕，与书肆所刊见成文籍不同，窃恐嗜利之徒改（填）〔换〕名目，节略翻刊，纤毫争差，致误学者。已经所属陈告乞行禁约外，收书君子，伏幸（藤写）〔藻鉴〕。后学陈窠谨（由）〔白〕。"

宋本《方舆胜（觉）〔览〕》吕午序后有咸淳二年福建转运使司禁止麻（纱）〔沙〕书坊〔翻〕板榜文。

古者物勒工名，碑记酿资。宋元旧本，有记工料纸张者，如李清孙之《易言》，王黄州之《文集》，虽类甲乙之簿，足征（召）〔食〕货之经。

《百宋一（厘）〔廛〕赋（经）〔注〕》云："《唐文粹》一百卷末题云：'（明）〔临〕安府今重行开雕《唐文粹》壹部，计贰拾策，已委官校正讫。'"

宋刊大字本《春秋左传》每卷终有"经传几千几百几拾几字"。

宋椠《毛诗集解》段昌武集前有其从子（修）〔维清〕请给据状，约束书（转）〔肆〕翻板，不（改）〔致〕窜易首尾，增损音义。可知翻板之弊，自宋已然。

鉴别纸墨_{官簿印书附}

先唐传写，竞尚黄纸；（者）〔北〕宋印拓，专用白麻。南渡以还，其类愈多。墨则宣城之李，云衢之蔡，并著盛名。两者相资，乃得字润板新，珍重书〔库〕也。_{孙星如语。}

宋书纸坚刻软，字画如写。用墨稀薄，虽着水（温）〔湿〕，燥无湮（孙）〔迹〕，开卷一种书香，自生异味，与元刻迥别。《书笺》。

南北宋刻本，纸质、罗纹不同，字画刻手，古（动）〔劲〕而雅，墨气香淡，纸色〔苍〕润，展卷便（于）〔有〕惊人之处。所谓墨香纸润，秀雅古（动）〔劲〕，宋刻之妙尽之矣。《藏书纪要》。

宋板书有用蚕茧纸、鹄（花）〔白〕纸、藤纸活衬者为佳，惟存遗不广耳。

宋刊《西汉文类》每页纸面俱有"清（迷）〔远〕堂"印记，字画清朗，纸色（营）〔莹〕洁。绍兴十年临安府雕印。

《后山谈丛》云："余于丹徒高氏（兄）〔见〕《杨行密节度淮南补将校牒》纸，光洁如玉，肤如卵膜，今（世）〔士〕大夫所有澄心堂纸不（速）〔逮〕也。"又云："澄心堂，南唐烈祖节度金陵之燕居也。赵内翰彦若家有《澄心堂书目》，才（三）〔二〕千馀卷，有'建业文房〔之〕印'，后有主者，皆牙校也。"建业澄心堂，即今内桥前明兵马司遗址。

（虞）〔雲〕云自在堪缪小山云："澄心堂纸光润滑腻，故刘原父云：'断水（松）〔折〕圭作宫纸。'李伯时作画，好用澄心堂纸，尝见旧时真迹，亦莫能辨。"

尝见蔡忠惠一帖云："澄心堂纸一〔幅〕，阔狭、厚薄、坚实皆类此，乃佳（上古）〔工者〕不愿为，恐不能为之。试与厚直，莫得之。见（诸）〔楮〕细，似可作也。（後）〔便〕人只求百幅。"盖宋时尚能造此纸，故至百幅犹云"只求"。今则金粟〔山〕宋藏经纸且不能〔仿〕，明宣（徒）〔德〕内库笺则略得其仿佛耳。《尖阳丛（书）〔笔〕》。

王世贞跋宋本《文选》云："缮刻极精，纸用澄心堂，墨用奚氏。"按：奚氏，宋易水奚鼎、奚鼐也。

澄心堂，宋高宗时御定斋名，其所制之纸洁白坚厚，如纸背法，高宗时亦曾仿制，并有洒金、揣绘等品。

宋叶梦得论天下印书云："嘉祐奉敕所刊之本，印纸坚致莹洁，每页有'武侯之裔'篆文红印在纸背者十之九，似（足）〔是〕造纸家印记，其姓为诸葛氏。考宣城诸葛笔最著，而《唐书》载宣城纸笔并入（工）〔土〕贡。唐张彦远《历代名画记》亦称好事家宜置宣纸百幅，用法蜡之，以备摹写。则宣城诸葛氏亦或〔精〕于造纸也。"

《至正直记》："宋纸单抄清江，名曰白鹿，乃龙虎山写箓之纸，又曰白箓。"

《六研斋笔记》："（論）〔谢〕暨知徽州，于理庙有（树）〔椒〕房之亲，贡新安四宝：澄心堂纸、汪伯立笔、李廷珪墨、羊斗岭旧坑砚。"

宋王仲至缮书，必以鄂州蒲圻县纸为册，以其紧慢厚薄得中也。《老学庵笔记》："前辈传书，多用鄂州蒲圻县纸，云厚薄紧（增）〔慢〕皆得中，又性与面黏相宜，（非）〔能〕久不脱。"

元刊之精（在）〔者〕不下宋本。曩在申江，见元《马石田集》十二册，其纸洁白如玉而又坚（叛）〔韧〕，真宋纸元印也。《（落）〔前〕尘梦影（京）〔录〕》。

元刊《大手印无字要》一（毫）〔卷〕，其纸（并）〔是〕捣麻所成，光润炫目。装潢（入）〔乃〕元名手，今无有能之者。（纸）〔钱〕遵王语。

宋刊之书亦有用抚州草抄纸及桑皮纸者，洁白棉润耐久。

宋刻本衬书纸，古人有用（经）〔澄〕心（榜）〔堂〕纸，书面用宋笺者，亦有用墨笺洒金书面者。书（芝）〔笺〕用宋笺、藏经纸、古色纸为上。至明人收藏书籍，讲究装订者少，总用棉料古色纸，书面衬用川连者多。遵王述古堂装订书面，用自造五色笺纸，或用洋笺书面，虽装订精美，却未尽善，不若毛斧季汲古阁装订书面，用宋笺藏经纸、宣纸，染雅色自（装）〔製〕古色纸更佳。至于松江黄绿笺纸，书面再加常锦套，金笺贴（蓝）〔签〕，最俗，收藏家间用一二。锦〔套〕须真宋锦或旧锦、旧刻丝；不得已，细花雅色上好宫锦则可，然终不雅，仅可饰观而已矣。《藏书纪要》。

评书次第，纸白板新，棉纸为佳，活衬（红）〔竹〕纸次之。糊褙批点者，不蓄可也。《清秘藏·论书》。

宋板书以活衬〔竹〕纸为佳，而蚕茧纸、鹄白纸、藤纸固美，而存遗不广。若糊褙宋书则不佳矣。余见宋刻大板《汉书》，不惟内纸坚白，（并）〔每〕本用澄心堂纸数幅为副，今归吴中，真不可得。《清赏笺》。

（临）〔张〕萱《疑耀》："长睿得（难）〔鸡〕林小纸一卷，书章草《急就》，余尝疑之。幸获校阅书籍，每见宋板书多以官府文牒翻其背以印行，（各）〔如〕《治平类篇》一部四十卷，皆元符二年及崇宁五年公私文牒笺启之故纸也，其纸极坚厚，背面光泽如一，故可两用。若今之纸，不能也。"

钱竹汀〔少〕詹读宋椠本《北山小集》四十卷，程俱（改）〔致〕道撰。皆用故纸刷印，验其纸背，有"乌程县印""归安县印""湖州户部赡军酒库记""湖州监在城酒务朱记""监湖州都商税务朱记""湖州司理院新朱记""湖州司狱朱记",（者轨）〔皆乾〕道六年官司簿籍。意此集版刻于吴兴官廨也，纸墨古雅，洵是淳（照）〔熙〕以前物。卷尾有"黄氏淮东书院图籍"（即）〔印〕，（东伟）〔未详〕其何人也。《（是於）〔钱竹〕汀日记》及《百宋一廛赋注》。

钱少詹（请）〔读〕孟元老《梦华录》十卷，系元板明初印，纸背为国子监生功课簿。

周漪堂藏南宋大字板《两汉书》不全〔本〕，有元〔人〕重修之板，其〔纸〕背多洪武中（廣）〔废〕册，知为明初印本也。（红）〔竹〕汀语。

元刻仿宋单边，字画不（多）〔分〕粗细，较宋边条阔多一线，纸松刻硬，用墨秽浊，中无讳字，开卷了无（臭）〔嗅〕味。有种官券残纸背印更（悉）〔恶〕。

宋刊《春秋经传集解》，乃孝宗年所刻，以备宣（孛）〔索〕者。枣木刻世尚知用，若（即）〔印〕以椒纸，后来无此精工也。

宋国子监卖书，有越纸、襄纸之分，越纸价廉，襄纸价高。见《陈后山集·论国子监卖书状》。

永乐大典考

孙壮

清翰林院清秘堂所藏《永乐大典》，庚子前尚存八百馀册。庚子之劫，全数遗失。嗣由刘太史言诸总署向英公使馆索归二百三十册，今外交部旧牍尚存。壬子翰林院裁撤，国务院接收后，仅馀六十四册，现存居仁堂北平图书馆中，桑海屡经，不胜零落之概。东西人士，慕此书之名，争以重值购取；历年散失之故，大部由此。盖空穴来风，匪一日矣。爰取记载之涉于此书者，汇录于左。一书之存亡，其亦关两朝兴废欤！北平孙壮记。

明成祖《永乐大典序》："朕唯昔者，圣王之治天下也，尽开物成务之道，极财成辅相之宜。修礼乐而明教化，阐至理而宣人文。粤自伏羲氏始画八卦，通神明之德，类万物之情，造书契以易结绳之治。神农氏为耒耜之利，以教天下。黄帝、尧、舜氏作，通其变，使民不倦，神而化之，使民（宣）〔宜〕之，垂衣裳而天下治。禹叙九畴，汤修人纪之数，圣人继天立极，皆作者之君，所谓制法兴王之道，非有述于人者。暨乎文武相继，父作子述，监于二代，郁郁乎文。孔子生周之末，有其德而无其位，承乎数圣人之后，而制作以备，乃赞《易》、序《书》、修《春秋》，集群圣之大成，语事功则有贤于作者。周衰，接乎战国，纵横捭阖之言兴，家异道而人异论，王者之迹熄矣。迄秦有燔禁之祸，而斯道中绝。汉兴，六艺之教渐传，而典籍之存可考。繇汉而唐，繇唐而宋，其制作沿袭，盖有足征。然三代之后，声明文物，所可称述者，无非曰汉、唐、宋而已。洪惟我太祖高皇帝，膺受天命，混一舆图，以神圣之资，广述作之奥，兴造礼乐制度，文为博大悠远，同乎圣帝明王之道。朕嗣承鸿基，勔思缵述。尚惟有大混一之时，必有一统之制作，所以齐政治而同风俗。序百王之传，总历代之典，世远祀绵，简编繁夥，恒慨其难。一至于考一事之微，汎览莫周；求一物之实，穷力莫究。譬之淘金于沙，探珠于海，戛戛乎其不易得也。乃命文学之臣，纂集《四库》之书，及购〔募〕天下遗籍。上自古初，迄于当世，旁搜博采，汇聚群分，著为奥典。以为气者，天地之始也，有气斯有声，有声斯有字。故用韵以统字，用字以系事。揭其纲而目毕张，振其始而末具举。包括宇宙之广大，统会古今之异同，巨细精粗，粲然明备。其馀杂家之言，亦皆得以附见。盖网罗无遗，以存考索。使观者因韵以求字，因字以考事，自源徂流，又射中鹄，开卷而无所隐。始于元年之秋，而成于六年之冬，总二万二千九百三十七卷，名之曰《永乐大典》。臣下请序其首。盖尝论之，未有圣人，道在天地；未有《六经》，道在圣人。《六经》作而圣人之道著。所谓道（在）〔者〕，弥纶乎天地，贯通乎古今。统之则为一理，散之则为万事。支流曼衍，其绪纷纭。不有以统之，则无以一之。聚其散而兼综其条贯，于以见斯道之大，而无物不该也。朕心潜圣道，志在斯文，盖尝讨论其指。然万幾浩繁，实资觇览，（始）〔姑〕述其概以冠诸篇，将以垂（系）〔示〕无穷，庶几或有裨于万一云尔。永乐六年十二月朔日序。"

姚广孝等《进永乐大典表》："伏以皇明之治大一统，车书昭声教之隆；圣人之道贯百王，制作备典章之盛。丕显太平之鸿业，永为经世之宏（观）〔规〕。臣闻泰运肇开，人文乃著；卦爻始立，书契遂兴。故羲禹开天，河洛阐图书之瑞；成康致治，丰镐宣雅颂之音。道咸具于圣经，事实关于气运。恭维皇帝陛下，聪明睿智，仁圣武文。受天命而主百邦，坐明堂而朝万国。九畴时叙，庶绩咸熙，治定功成，礼明乐备。爰懋昭于圣学，遂大播于纶音。以为尧舜之道，载诸典（模）〔谟〕；文武之政，布在方策。前圣远而微言隐，诸子出而众议兴。简编浩山海之繁，经制异质文之尚。欲观会通而行典礼，必合古今而集大成。敕遣使臣，博采四方之籍；礼招儒彦，广纳中秘之储。事迹务在于周详，义例必令于明白。于是上自古初，暨于昭代，考索累朝之逸典，蒐罗百世之遗言。名山所藏，金匮所纪，人间之所未睹，海外之所罕闻，莫不具其实而陈其辞，参于万而会于一。旁通广汇，宏著三才，该贯幽微，并包宇宙。允发挥于既往，用启迪于将来。聚众宝于府库之中，珪璋有序；观万物于日月之下，品类咸彰。于以立政而经邦，于以开物而成务。巍乎冠古超今之作，焕乎经天纬地之文。讨论仰禀于圣谟，裁定恪遵于宸断。嘉名载锡，睿藻广颁。云汉昭回，并拜九重之赐；龙光辉烛，允为多士之荣。仰圣教于中天，开文明于万世。昔石渠论事，徒（務）〔矜〕议奏之烦；册府成书，未悉彝章之懿。惟兹大训，实迈前闻。臣广孝等学本庸疏，才非通敏。忝预编摩之任，叨蒙眷遇之恩。屡阅岁时，仅成卷帙。敢上尘于观览，期俯赐于矜容。经纶大经，建立大本，尚资稽古之功；博存配地，高明配天，永赞崇文之治。谨缮写成《永乐大典》二万二千八百七十七卷，凡例并目录六十卷，装潢成一万一千九十五册，随表上进以闻，无任瞻天仰圣激切屏营之至。"

《永乐大典》目录摘要：

【平声】一东六百七十五卷、二支五百六十九卷、三微二百五十八卷、四齐一百二卷、五鱼五百二十四卷、六模三百三十三卷、七皆二百卷、八灰二百四十卷、九真六百九十八卷、十寒四百四十二卷、十一删三百四十三卷、十二先八百二十九卷、十三萧二百八卷、十四爻一百八十一卷、十五歌一百三十五卷、十六麻一百九十七卷、十七遮三十一卷、十八阳一千七百三卷、十九庚一千一百六十六卷、二十尤四百八十四卷、二十一侵二百十七卷、二十二覃二百三十九卷、二十三盐一百五十六卷。平声二十三韵共一万三十四卷。

【上声】一董七十三卷、二纸二百五卷、三尾十五卷、四（济）〔荠〕二百二十五卷、五语二百五十七卷、六姥一百二十二卷、七解三十四卷、八贿一百一十七卷、九轸一百七卷、十罕二十六卷、十一产一百五卷、十二铣六十二卷、十三篠六十七卷、十四巧七十九卷、十五哿二十一卷、十六马七十七卷、十七者九十九卷、十八养九十六卷、十九梗八十四卷、二十有一百四十七卷、二十一寝二十卷、二十二感二十五卷、二十三琰十二卷。上声二十三韵共二千一百七十五卷。

【去声】一送一千一十九卷、二寘六百二十〔六〕卷、三未一百七十卷、四霁四百三十四卷、五御九十五卷、六暮四百四十二卷、七泰一百四十四卷、八队三百二十八卷、九震五百四十六卷、十翰三百六十二卷、十一谏一百七十五卷、十二霰三百三十六卷、十三啸二百八十二卷、十四效二百九十四卷、十五箇一百二十八卷、十六祃一百七十五卷、十七蔗七十八卷、十八漾五百七十六卷、十九敬七百三十〔九〕卷、二十宥二百十卷、二十一沁三十卷二十二勘一百二十七卷、二十三艳七十三卷。去声

115

二十三韵共七千三百八十九卷。

【入声】一屋四百六十〔四〕卷、二质八百七卷、三术三百三十六卷、四曷二十五卷、五辖一百三十卷、六屑二百三十七卷、七药五百八十二卷、八陌三百三十八卷、九缉九十六卷、十合一百七十二卷、十一叶九十二卷。入声十一韵共三千二百七十九卷。以上四声八十韵共二万二千八百七十七卷。

按：是书按《洪武正韵》，用韵以统字，用字以系事，凡天文、地理、人伦、国统、道德、政治、制度、名物，至奇闻异见、（庚）〔廋〕词逸事，皆随字收藏。如天文皆载入"（文）〔天〕"字下，若日月、星雨、风云、霜露之类；地理皆附于"地"字下，若山河、江海、阴阳、相地等类；名物制度载在经史诸书者，亦随类附见，他如历代国号、官制、礼乐、诗书及一名一物，具各随字备载，而详归各韵。壬子冬访玉尊阁主人，获见《永乐大典》真本三巨册。〔蝴〕蝶装，上下皮面系黄龙绫厚裱如西书。签条及标目均画栏，端楷题注于上。兹将各册卷数款式列下，以备参考。一册作三千一百四十三至四十四卷，卷末附叶题名六行：一、重录总校官侍郎臣高拱；二、学士臣瞿景淳；三、分校官编修臣陶大临；四、书写儒士臣刘大孝；五、圈点监生臣楚仲楫；六、徐浩。一册作三千一百四十五至四十六卷，卷末附叶题名六行：一、总校官高拱；二、瞿景淳；三、分校官编修臣王希烈；四、书写儒士臣范演；五、圈点监生臣敖河；六、监生臣孙世良。一册作三千一百四十七至四十八九卷，总校分校官及圈点人名均与前二册同，惟书写儒士臣汪可宗一人不同耳。又有残册作一万四千三百八十一卷，附页题名六行：一、重录总校官侍郎臣秦鸣雷；二、学士臣王大任；三、分校官编修臣张四维；四、书写官监生臣丛恕；五、圈点监生臣傅遵王；六、监生臣许汝孝。其封面内贴有印板白棉纸签条一纸，长五寸，阔四寸，文为"纂修官萧签第某某卷"。行末"乾隆三十八年十一月二十六日发写，某人誊录，共书若干卷，计若干"条，当系编纂《四库全书》时所贴。

以上记《大典》序、表及其卷数与形状。

《明世宗实录》云："初，《永乐大典》书成，贮之文楼。及三殿灾，上命左右趣登文楼，出《大典》，甲夜中谕凡三四传，是书遂得不毁。嘉靖四十〔一〕年，选善书人礼部儒士程道南等百人重录一部，命高拱、张居正等校理之。"

《皇明泳化类编》卷一百六《典籍门》云："永乐五年丁亥十一月，《永乐大典》成。先是，令解缙于天下古今事物散在诸书，备辑自书契以来，凡经史子集百家，至于天文地志、阴阳医卜、僧道技艺为一书，赐名《文献大成》。已而上（觉）〔览〕之，谓其多有未备者。乃复命太子少师姚广孝、刑部侍郎刘季篪及解缙督其事，学士王景、王逵、祭酒胡俨、洗马杨溥、儒士陈济为总裁，侍讲邹辑等二十（八）人副之，简中外官及四方宿儒有文学者充纂修，缮写几三千人，凡四历寒暑而成。计二万二千九百卷，一万一千一百本，更赐名《永乐大典》。上亲制序文。此书后竟以卷帙太繁，不及刊布。至嘉靖中，复加缮写，凡四五载，工费亦称浩大云。"此条新补。案：清人王棠《知新录》卷二十四"《永乐大典》"条所云与此略同。

宋端仪《立斋闲录》卷三云："永乐乙酉，广召文儒，纂修《大典》。命太子（步）〔少〕师姚广孝、礼部尚书郑赐监修，而择六卿之（二）〔贰〕有文学者一人为之副，遂又命刑部左侍郎刘季篪。杨士奇所撰《刘季篪墓志》。"

又云："时修《永乐大典》，召至四方儒学老成充纂修，及缮写之士几三千人，人众事殷，特命太子少师姚广孝、礼部尚书郑赐总之。已而赐卒，命礼部翰林院修撰兼左春坊右赞善梁潜。六年戊子□月，《大典》成。广孝，潜邸旧僧也。"

又云："翰林检讨闽中王偁与修《永乐大典》，五年有旨戴头巾修书，既而以目疾不能到馆，侍郎刘季篪奏请得旨带镣仍修书。初，偁当〔修〕《大典》，诸儒群集，一日，有及凡例未当者，偁曰：'譬之欲构层楼华屋，乃计工于箍桶都料，不有误耶？'论者谓其〔取〕祸以此。"以上三则新补。

祝允明《九朝野记》云："明太（祖）〔宗〕大崇文教，

118

特命儒臣纂修《四书五经性理大全书》，其后复开局修《永乐大典》，凡古今事务言辞，网罗无遗，每摘一字为标揭，系事其下，大小精粗，无所不有。以太（雜）〔穣〕滥，竟未完净而罢，闻其目且几百卷云。"案: 祝云"未完净而罢"，其说不确。

沈德符《野获编补遗》卷一《总裁永乐大典》条云："文皇帝修《永乐大典》，其书为古今第一浩繁，卷帙且至数万。嘉靖间遇大内灾，世宗（猶）〔夜〕三四传旨移出，始得无恙。后命重录一部，以备不虞。辅臣徐阶等以此被陞赏。然其初纂集，用人多不次。先是，常州府武进县人陈济，字伯载，中外荐其学行，文皇命召至京，以为《大典》都总裁，书成，拜右春坊右赞善。永乐十五年，命侍皇太孙，后卒于官。其为总裁时，故布衣也，又都总裁之名，惟元时有之，在本朝未之见，斯亦异矣。今人但知济曾为重修《太祖实录》总裁耳。"

同上又云："《大典》一书，初文皇命翰林院学士兼春坊大学士解缙等修辑，未期而书成，上赐宴赏拜恩者百四十七人，赐名《文献大成》，时永乐二年十一月也。既而上以记载尚多未备，仍命重修，以太子少保姚广孝及缙等董其事，翰林学士王景等为副总裁纂修等官。开馆于文渊阁，光禄寺朝夕给膳。且命礼部简四方宿学老儒有文学者充之，陈济之得召，盖正在此时也。至永乐五年十一月书成，凡二万二千九百馀卷，共一万一千九十五本，上

119

为更名曰《永乐大典》，御制序弁其首。时拜赐者广孝以下二千六百一十九人，盖效力编摩者，较宋太平兴国中不啻十倍。此书藏之秘阁。未几，文皇迁都，往来无定。且犁庭四出，多修马上之业，未暇寻讨。列圣亦不闻有简阅展视者。惟世宗笃嗜之，旒厦乙览，必有数十帙在案头。近李本宁太史云：'其书冗滥可厌，殊不足观，绝非《太平御览》诸书可比。'盖当时以《洪武正韵》（较）〔排〕比成帙，非有剪裁厘正之功。且太宗圣谕解缙等欲仿《韵府》如探囊取物，毋厌浩繁，其义例可知矣。"

朱国桢《涌幢小品》卷二云："此书乃文皇命儒臣解缙等萃秘阁书，分韵类载，以便检考。赐名《文献大成》。复以未备，命姚广孝等再修。供事编辑者凡三千馀人，二万（三）〔二〕千九百三十七卷，一万一千九十本，目录九百本，贮之文楼。世庙甚爱之，凡有疑，按韵索览。三殿灾，命左右趣登文楼，出之。夜中传谕三四次，遂不毁。又明年，重录一部，贮他所。"

刘若愚《明宫史》云："累臣若愚曾闻成祖敕儒臣纂修《永乐大典》一部，系胡广、王洪等编纂，号召四方文墨之士，累十馀年而就，计二万二千八百七十卷，一万一千九十五本。因卷帙浩繁，未遑刻板。（其）〔正〕写册原本相传至嘉靖年间于文楼安置，偶遭回禄之灾，世庙亟命〔挪〕救，幸未致（灾）〔焚〕，遂敕阁臣徐文贞阶，复令儒臣照式摹抄一部，当时供誊写官生一百八名，每人

120

日抄三页，自嘉靖四十一年起，至穆庙隆庆元年始克告成。及神庙时，两官三殿复遭火灾，不知此二部今又见贮于何处也。"案：吴骞《尖阳丛（说）〔笔〕》所记与此略同，殆即本此。

以上明人书中关于《大典》之记载。

乾隆三十八年二月初六日上谕："昨据军机大臣议覆朱筠条奏，内将《永乐大典》择取缮写，各自为书一节，议请分派各馆修书翰林等官，前往检查，恐责成不专，徒致岁月久稽，汗青无日。盖此书移贮年深，既多残阙。又原编体例，系分韵类次，先已割裂全文，首尾难期贯串。特因当时采摭甚博，其中（书）〔或〕有古书善本，世不恒见，今就各门汇订，可以凑合成部者，亦足广名山石室之藏。着即派军机大臣为总裁官，仍于翰林等官内选定（旨）〔员〕数，责令及时专司查校，将原书详细检阅。并将《图书集成》互为校（覆）〔雠〕，择其未经采录，而实在流传已少，尚可裒缀成编者，先行摘开目录奏闻，候朕裁定。其应如何酌定规条，即着派出之大臣，详悉议奏。至朱筠所奏，每书必校其得失，撮举大旨，叙于本书卷首之处。若欲悉仿刘向校书序录成规，未免过于繁冗。但向阅内府所贮康熙年间旧藏书籍，多有摘叙简明略节，附夹本书之内者，于检查洵为有益，应俟移取各省购书全到时，即令承办各员将书中要指（劉）〔撮〕括总叙厓略，粘开卷附页右方，用便观览。馀依议。钦此。"新补。

乾隆三十八年二月十一日上谕："昨据军机大臣议覆朱筠条奏校核《永乐大典》一摺，已降旨派军机大臣为总裁，拣选翰林等官，详定规条，酌量办理。兹检阅原书卷首序文，其言采掇蒐罗，颇称浩博，谓足津逮《四库》。及覈之书中，别部区函，编韵分字，意在贪多务得，不出类书窠臼。是以踳驳乖离，于体例未能允协，即如所用韵次，不依唐宋旧部，惟以《洪武正韵》为断，已觉凌杂不伦。况经训为群籍根源，乃因各韵轇轕，于《易》先列《蒙卦》，于《诗》先列《大东》，于《周礼》先列《冬官》。且采用各字，不（伦）〔论〕《易》《书》《诗》《礼》《春秋》之序，前后错互，甚至载入六书篆隶真草字样，摭拾米芾、赵孟頫字格，描头画角，支离无谓。至儒书之外，（间）〔阑〕入释典道经，于古（核）〔柱〕下史专掌藏书守先待后之义，尤为凿（柄）〔枘〕不合。朕意从来《四库》书目，以经史子集为纲领，裒辑分储，实古今不易之法。是书既遗编渊海，若准此以采撷所（谓）〔登〕，用广石渠金匮之藏，较为有益。着再添派王际华、裘曰修为总裁官，即令同遴简分校各员，悉心酌定条例，将《永乐大典》详悉校核。除本系现在通行，及虽系古书而词意无关典要者，亦不必再行采录外，其有实在流传已少，其书足资启牖后学，广益多闻者，即将书名摘出，撮取著书大旨，叙列目录进呈。俟朕裁定，汇付剞劂。其中有书无可采，而其名未可尽没者，只须注出简明略节，以佐流传考订之用，不必将全部付梓，副朕裨补阙遗，嘉惠士林至意。再是书卷帙如此繁重，而明代（藏）〔葳〕役，仅阅六年。今诸臣从事厘辑，更系弃多取少，自当刻期告竣，不得任意稽延，徒诮汗青无日。仍将应定条例，即行详议，缮摺具奏。钦此。"案：朱筠字竹君，大兴人，乾隆甲戌进士。

　　清高宗《御制诗四集》卷十一《命校永乐大典因成八韵示意并序》："翰林院署庋有《永乐大典》一书，盖自皇史宬移贮者，不知其（年）〔名〕也。比以搜访遗籍，安徽学政朱筠以校录是书为请。廷议允行。奏既上，敕取首函以进，见其采掇搜罗，极为浩博，且中多世不经见之书，虽原册亡什之一，固不足为全体累也。第彼别部区函，意在贪多务得，细大不捐，而编韵分字，杳杂不伦，则由当时领书局者，惟一姚广孝，因而滥引缁流，逞其猥琐之识，雅俗并陈，举释典道经，悉为阑入，其（无）〔奚〕当于古柱下史藏书之义乎！因命内廷大学士等为总裁，抡选翰林官三十人，分（目）〔司〕校勘，先为发凡起例，俾识所从事。芜者芟之，庞者厘之，〔散者裒之〕，完善者存之，已流传者弗再登，言二氏在所摈，取精择醇，依经史子集为部次。俟其成，付之剞劂，当以《四库全书》名之。《四库》之目始于荀勖，而盛于唐时，自来志艺文者，大都以是为准，较原书斤斤于韵字之末者，纯驳何啻霄壤。于以广金匮石室之储，用嘉惠来〔学〕，讵非万世书林之津梁，而表率阙佚之馀，为之正其名而订其失，又讵非是编之大幸乎？系诗而序之，识始事也。《大典》犹看永乐传，搜罗颇见费心坚。兼收释道欠精覈，久阅沧桑惜弗全。未免取裁失踌驳，要资稽古得寻沿。贪多遂至六书混，每一字下，泛及篆隶行草（文）〔各〕体。如同"一东"字形，而一指为米芾之"东"，一指为赵孟頫之"东"，类此者不可胜举，更无谓矣。割裂都缘《正韵》牵。其分字一依《洪武正韵》，次序既多凌舛，且《易》先《蒙卦》，《诗》先《大东》，《周礼》先《冬官》，皆因韵散附，尤乖经体。彼有别谋漫深论，或云永乐以篡夺而得位，恐世人讥议之，因集海内能文者编辑是书，故所用几千馀人，欲藉以疲其力而箝其口，姚广孝乃其佐命，遂命专董其事。亦犹宋太宗身有惭德，因集文人为《太平御览》《太平广记》《文苑英华》三大书，以（弥）〔弭〕草野之私议。然千秋公论自在，又岂智术所能掩覆乎！我惟爱古命重编。词林排次俾分任，纶阁铅黄更总研。何不可征惟杞宋，宁容少误致天渊。崇文籍以备《四库》，摛什因而（永）〔示〕万年。"

又《御制诗四集》卷十七《汇辑四库全书联句》注云："《永乐大典》每十册为一函，计一千一百馀函，翰林三十人匀派分阅，按日程功。"据此则《大典》乾隆时仅存一万一千馀册。

全祖望《钞永乐大典记》：《鲒埼亭集外编》卷十七。"明成祖敕胡广、解缙、王洪等纂修《永乐大典》，以姚广孝监其事。始于元年之秋，成于六年之冬，计二万二千七百七十七卷，凡例目录六十卷。冠以御制文序，定为万二千册。广孝奉诏再为之序。其时公车征召之

124

士，自纂修以至缮写，几三千人，缁流羽士，亦多预者。书成，选能诗古文词及说书者二百人，充试吏部，拔其尤者三十人授官，其馀亦有注籍选人者。方是书初上，诏名《文献大成》，后改焉。孝宗最好读书，召对廷臣之暇，即置是书案上。嘉靖四十一年，禁中失火，世宗亟命救出此书，幸未被焚。遂诏阁臣徐阶照式模钞一部，当时书手一百八十，每人日钞三纸，一纸三十行，一行二十八字。至隆庆改元始毕。崇祯时刘若愚著《酌中志》已言是书不知今贮何所。是其书在有明二百馀年以来，赖世庙得如卿云之一见，而总未尝入著述家之目。暨我世祖章皇帝万幾之馀，尝以是书充览，乃知其正本尚在乾清宫中。顾莫能得见者。及《圣祖仁皇帝实录》成，词臣屏当皇史宬书架，则副本在焉，因移贮翰林院。然终无过而问之者。前侍郎临川李公在书局，始借观之，于是予亦得寓目焉。其例乃用《洪武四声韵》分部，以一字为纲，即取《十三经》、《廿一史》、诸子百家，无不类而列之，所谓"因韵以统字，因字以系事"者也，而皆直取全文，未尝擅减片语。夫偶举一事，即欲贯穿前古后今书籍，斯原属事势所必不能，而《大典》辑奁并包，不遗馀力，虽其间不无汗漫陵杂之失，然神魄亦大矣。盖尝闻诸儒商榷凡例，初多参辰，王偁笑曰：'欲构层楼华屋，乃计功于箍桶都料耶？'则凡例盖取偁手也。若一切所引书，皆出文渊阁储藏本，自万历重修书目，已仅有十之一，继之以流寇之火，益不可问。闻康熙间，崑山徐尚书健庵以修《一统志》言于朝，请权发阁中书资考校，寥寥无几。则是书之存，乃斯文未丧一硕果也。因与公定为课，取所流传于世者概置之，即近世所无而不关大义者亦不录，但钞其所欲见而不可得者。而别其例之大者为五：其一为经，诸解经之集大成者，莫如房审权之《易》，卫湜、王与之之二《礼》，此外莫有仿之者，今使取《大典》所有，稍为和齐而斟酌，则诸经皆可成也；其一为史，自唐以后，六史篇目虽多，文献不足，今采其稗野之作，金石之记，皆足以资考索；其一为志乘，宋元图经旧本，近日存者寥寥，明中叶以后所编，则皆未见〔古〕人之书而妄为之，今求之《大典》，厘然具在；其一为氏族，世家系表而后，莫若夹漈《通略》，然亦得其大概而已，未若此书之该备也；其一为艺文，东莱《文鉴》不及南渡，遗集之散亡者，《大典》得十九焉。其馀偏端细目，信手荟萃，或可以补人间之缺本，或可以正后世之伪书，则信乎取精多而用物宏，不可谓非宇宙间之鸿宝也。会逢今上纂修《三礼》，予始语总裁桐城方公钞其三礼之不传者，惜乎其阙失几二千册。予尝欲奏之今上，发宫中正本以补足之，而未遂也。夫求储藏于秘府，更番迭易，往复维艰。而吾辈力不能多畜写官，自从事于是书，每日夜漏三下而寝，可尽二十卷。而以所签分令四人钞之，或至浃旬未毕，则欲卒业于此，非易事也。然以是书之沉屈，忽得人读之，不必问其卒业与否，要足为之吐气。嗟乎！温公《通鉴》

126

之成，能读之至竟者，只王益柔一人，其馀未及一卷，即欠伸思睡，况《大典》百倍于此，其庋阁也固宜。今吾辈锐欲竟之，而力不我副，是则不能不心以为忧者也。"

法式善《校大典记》云："明永乐元年九月，诏学士解缙以韵字类聚经史子集、天文地志、阴阳医卜、僧道技艺之言为一书。越年（奉）〔奏〕进，赐名《文献大成》。上览书嫌未备，更命姚广孝、刘季箎及缙监之。简翰林学士王景以下二十五人为正副总裁，中外宿师老儒充纂修，国学县学〔能〕书生员缮写。开馆于文渊阁，光禄寺给朝暮膳。司事凡二千馀人，累十年而就，是为《永乐大典》。凡二万二千馀卷，一万一千九十馀册，贮之文楼。嘉靖三十六年，三殿灾，书以救获免。敕阁臣徐阶摹抄副本一部，书手一百八名，每人日抄三叶，起嘉靖四十一年，讫隆庆元年，凡六载竣事。万历二十二年，南京祭酒陆可教请分颁巡方御史校刊，议（见）〔允〕未行。其说散见于张元忭之《馆阁漫录》，（祁）〔郎〕瑛之《七修类稿》，朱国桢之《涌幢小品》，姜绍书之《韵石斋笔谈》，阮葵生之《茶馀客话》。惟诸（事）〔書〕皆载目录六十卷，而朱书称九十本，殆有误与？今翰林院所贮仅一万册，相传为李自成所摧残。检每册后署衔，则曰"重录总校官侍郎高拱，学士某，分校编修某，书写儒士某"，其为嘉靖本无疑。不知原书今归何所，竟无人知之，是可怪也。此书发凡起例，实未美善。而宋元以后书，固已搜罗大备。

世间未见之鸿文秘籍，赖此而存。惜隋唐以前书，仍寥寥耳。然余披校唐人之文如张燕公、陈子昂、陆宣公、颜鲁公、权载之、独孤至之、韩昌黎、柳柳州、白乐天、欧阳行周、刘宾客、李义山、杜牧之、罗昭谏行世本，各有增益，多者数十，少者亦五六，其不习见于世之人，盖往往而有也。当时之时，苟欲考宋元两朝制度文章，盖有取之不尽，用之不竭者焉。若徒使其按韵索览，是固当时编辑一隅之见也。"

章学诚《周书昌先生别传》云："宋元遗书，岁久湮没，畸篇（詹）〔賸〕简，多见采于明成祖时所辑《永乐大典》。时议转从《大典》采缀，以还旧观。而馆臣多次择其易为功者，遂谓搜取无遗逸矣。书昌固执以争，谓其中多可录，同列无如之何，则尽举而委之书昌。书昌无间风雨寒暑，目尽九千钜册，计卷一万八千有馀。丹铅标识，摘抉编摩，于是永新刘氏兄弟《公是》《公非》诸集以下，又得十有馀家，皆前人所未见者。咸著于录。好古之士以为书昌有功斯文，而书昌自是不复任载笔矣……"

李详《愧生丛录》云："朱笥河先生请选择《永乐大典》古书，刊布于世，当时朝廷命馆臣从中编辑。凡为书三百八十五种，四千九百二十六卷。此议康熙时，徐健庵司寇已发之。徐序高澹人所刻《编珠》云：'皇史宬《永乐大典》，鼎革时亦有散失。往者尝语（賸）〔詹〕事，值皇上右文，千古罕遘，当请命儒臣，重加讨论，以其秘本刊录颁布，用表扬前哲之遗坠于万一。余老矣，詹事孜孜好古，幸他日勿忘此言也。'"

以上记自《大典》校辑佚书事。

萧穆《记永乐大典》：《敬孚类稿》卷九。"《永乐大典》乃明成祖命姚广孝、解缙、王景等督率一时博洽淹雅之儒，殚力编摩。书成，凡二万二千九百馀卷，共一万一千九十五本，藏之秘阁。其书体例，按《洪武正韵》排比成帙，以多为尚，非有剪裁厘正之功。明世宗当日酷嗜之，旐厦乙览，必有数十帙在案头。一日大内火灾，世宗（犹）〔夜〕三四传旨移出，始得无恙。后命重录一部，以备不虞。此均见之前人纪载者。吾乡先达张文和公《澄怀园语》有云'此书原贮皇史宬，雍正年间移置翰林院，予掌院事，因得寓目。书乃写本，字画端楷，装饰工致，纸墨皆发古香'云云。礼亲王《啸亭杂录》述李穆堂侍郎之说：'皇史宬所藏之本，较翰林院本多一千多册。'不知李公所见，与张公孰先孰后。据张公之说，是翰林院原无此书，乃以皇史宬〔所藏〕移置者。据李公所见，是皇史宬与翰林院均有其书。则当一为永乐时原本，一为世宗嘉靖间重录之本。然果〔如〕李公之说，翰林院既有其书，则雍正间又何必以皇史宬所藏之本，仍移置翰林院乎？二说疑不能明。乾隆间诏修《四库全书》，凡古书秘本世无存者，赖此书多有所得，乃得著录文渊阁目。然亦未详翰林院所贮之本为永乐时原本、为嘉靖时副本也。光绪丙申秋九月，偶与江阴缪筱珊编修荃孙及诸友泛舟秦淮，谈及此书。筱珊往在京师翰林院，亲见其书，云：'每册高二尺，广一尺二寸，书大小字均照寻常之书各大一两倍，粗黄布连脑包过，如今洋人书本。按其官衔，乃明嘉靖间世宗所命重写之本。今皇史宬绝无其书，则永乐时原写之本久不可问矣。'据此，穆颇疑《啸亭杂录》所述李公之说为不足凭。筱珊又云：'今翰林院所存者，咸丰末三（四）〔两〕年，多为英人窃购送之西洋，院中存者不过九百多本。其书一人所窃，不过能携四五本。又翰林院内有宝善亭三间，内贮多书，凡书之出入，皆办事八翰林主之，其他编检无权也。'……"新补。

王颂蔚《送黄公度随使欧洲》诗自注云：《写礼庼诗集》。"《大典》今存翰林院者只八百馀册，传闻英人购去储博物院。诗有云："《大典》图书渊，渔猎资来学。岁久渐沦芜，往往山岩伏。颇闻伦敦城，稿尚盈两屋。愿君勤搜访，寄我采遗目。"

汪康年《雅言录》云："《永乐大典》虽编纂至草率，而搜罗宏富，唐宋遗籍，多在于是。明时已多散失，小说载杨升庵为偷书官儿是也。乾隆中重文事，于此书掇拾遗籍至多，刊为《武英殿聚珍版丛书》，可数百（名）〔种〕。后宿学之京者，亦就此辑得故籍甚多，顾未尽十一也。庚子拳匪之乱，翰林院被火，英国使馆中人至总理衙门言曰：'闻翰林院中储《永乐大典》，中国之旧籍存焉。听其灰烬，岂不可惜？宜速护救。'顾无应之者。闻后来间被（拾）〔抢〕，今各国藏书楼多有藏其一二者，（至）〔並〕闻有二三十册〔由某国见还〕。"

（Ms. Sancelot）〔Mr. Lancelot〕Giles 氏《日记》云："一九〇〇年六月二十三日星期六，按：即清光绪二十六年庚子五月二十七日。上午十一句钟一刻，有人向余报告云：'翰林院已起火，然不久即被扑灭。'……或以为华人决不自毁其藏书宝库，实则非然。当时余等颇欲设法保全院中所藏之《永乐大典》，然大半已被焚。余检得卷之一（三）〔二〕三四五一册留作样本。……"新补。

以上记《大典》之被灾及其散佚等情。

宣统元年奏筹（造）〔建〕京师图书馆摺：《学部奏咨辑要》内录出。"奏为筹建京师图书馆，拟恳天恩赏给热河文津阁所藏《四库全书》并饬下奉宸苑内务府，拨与净业湖暨汇通祠各地方，以便兴建而广文治，恭摺仰祈圣鉴事。

伏查本年闰二月，臣部奏陈预备立宪分年筹备事宜，本年应行筹备者，有在京师开设图书馆一条，奏蒙允准，钦遵在案。自应即时修建馆舍，搜求图书，俾承学之士，得以观览。惟是图书馆为学术之渊薮，京师尤系天下观听，规模必求宏远，搜罗必极精详，庶足以供多士之研求，昭同文之盛治。我国家稽古右文，远迈前代，圣祖仁皇帝、世宗宪皇帝临雍讲学，特颁图籍，藏之成均。高宗纯皇帝开四库之馆，荟萃载籍，建阁储藏，著录之数，综十六万八千册。又于热河及镇江、扬州、杭州等处，并建藏书之阁，颁给《四库全书》各一分，士子就阁读书，得以传写。所以嘉惠艺林，启牖后学者，至周至渥。嗣后东南三阁悉毁于兵，私家藏书，往往流播海外。近年各省疆臣间有创建图书馆，购求遗帙，以供众览者。江宁省城经调任督臣端方首创盛举，不惜巨款，购置杭州丁氏八千卷楼藏书，存储其中。卷帙既为宏富，其中尤多善本。并购得湖州姚氏、扬州徐氏藏书数千卷，运寄京师，以供学部储藏，并允仍向外省广为劝导搜采。兹者京师创建图书馆，实为全国儒林冠冕，尤当旁搜博采，以保国粹而惠士林。

无如近来经籍散佚，征取良难，部款支绌，搜求不易。且士子近时风尚，率趋捷径，罕重国文，于是秘籍善本，多为海外重价钩致，捆载以去。若不设法蒐罗（实恐）〔宝存〕，数年之后，中国将求一刊本经史子集而不可得，驯至道丧文敝，患气潜滋，此则臣等所惴惴汲汲，日夜忧惧，而必思所以挽救之者也。

窃查中秘之书，内府、陪都而外，惟热河文津阁所藏，尚未遗失。近年曾经热河正总管世纲、副总管英麟查点一次，与避暑山庄各殿座陈设书籍，一并查明开单具奏在案。拟恳圣恩俯准，将文津阁《四库全书》并避暑山庄各殿座陈设书籍，一并赏交臣部祗领，敬谨建馆存储，庶使嗜奇好学之士，得窥石室金匮之藏，实（与）〔于〕兴学育才大有裨助。

至建设图书馆地址，必须近水远市，方无意外之虞。前经臣等于内城地面相度勘寻，惟德胜门内之净业湖与湖之南北一带，水木清旷，迥隔嚣尘，以之修建图书馆，最为相宜，尤足以昭稳慎。拟于湖之中央，分建四楼，以藏《四库全书》及宋元精椠。另在湖之南北岸，就汇通祠地方，并另购民房，添筑书库二所，收储官私刻本、海外图书。勿庸建造楼房，以节经费。其士人阅书之室，馆员办事之处，亦审度地势，同时兴修。查（津）〔净〕业湖、汇通祠两处，向归奉宸苑暨内务府经理，拟恳天恩，饬下奉宸苑暨内务府，将净业湖、汇通祠各地址，移（次）〔交〕臣部，以便克期兴筑。该处水面颇宽，并拟督饬该馆会商奉宸苑，随时疏浚，以期上无碍于水源，下不虑其淤塞。并祈饬下热河都统，将臣部所请书籍检齐，赍送到馆，以备尊藏。至各省官局刻本，即由臣部行文咨取，藉供蒐讨。

至图书馆开办以后，如有报效书籍及经费者，拟请援照乾隆时进书之鲍廷博，光绪进书之广东高廉道陆心源奖励成案，由臣部视其书之等差及款数之多寡，分别请奖，以示鼓励。如蒙俞允，即由臣部咨行各该衙门暨各省督抚遵照办理。并督饬该馆监督提调等迅速筹办，冀得早日观成。将见琳琅美富，蔚为大观，上以赞圣朝崇文之化，下以餍士林求学之心。窃谓裨益于全国教育者，良非浅鲜，似亦维持世道人心之一大端也。所有筹建京师图书馆缘由，理合恭摺具陈，伏乞皇上圣鉴训示。谨奏。宣统元年七月二十五日奉旨依议，钦此。"

附奏请饬内阁翰林院所藏书籍移送图书馆储藏片：总务司。"再查翰林院所藏《永乐大典》，在乾隆年间已多残阙，庚子以来，散佚尤甚。今所存者，仅数十百册，而其中所引，尚多希见之书。又查内阁所藏书籍甚夥，近因重修（六）〔大〕库，经阁臣派员检查，除近代书籍之外，完帙盖希。而其断烂丛残不能成册难于编目者，亦间有宋元旧刻。拟请饬下内阁、翰林院，将前项书籍，无论完阙破碎，一并移送臣部，发交图书馆，妥慎储藏。其零篇断（衰）〔袠〕，即令该监督等率同馆员，逐页检查，详悉著录，尚可考见版刻源流，未始非读书考古之一助。是否有当，谨附片上陈。伏乞圣鉴。谨奏。宣统元年七月二十五日奉旨依议，钦此。"

以上记逊清筹设京师图书馆及发交文津阁《四库书》与翰林院所存残本《永乐大典》事。此页新补。

附录

自来记述《永乐大典》，以《四库全书总目·永乐大典提要》、缪艺风《永乐大典考》为较详，兹附录于后，以资读者借镜。

四库全书总目提要子部·类书类·存目一

《永乐大典》二万二千八百七十七卷，目录六十卷，明永乐（七年）〔元年七月〕奉敕撰。二年十一月奏进，赐名《文献大成》。总其事者，为翰林院学士兼右春坊大学士解缙，与其事者凡一百四十七人。既而以所纂尚多未备，复命太子少保姚广孝、刑部侍郎刘季篪与缙同监修；而以翰林学士王景、侍读学士王达、国子祭酒胡俨、司经局洗马杨博、儒士陈济为总裁；以翰林侍读邹辑、修撰王褒、梁潜、吴溥、李贯、杨觏、曾棨、编修朱纮、检讨王洪、蒋（冀）〔骥〕、潘畿、王偁、苏伯厚、张伯颖、典籍梁用行、庶吉士杨相、左春坊左中允尹昌隆、宗人府经历高得（畅）〔旸〕、吏部郎中叶砥、山东按察佥事晏璧为副总裁。与其事者凡二千一百六十九人。于永乐五年十一月奏进，改赐名曰《永乐大典》。案：以上俱见《明实录》。并命复写一部，锓诸梓，以永乐七年十月讫工。案：事见明赵友同《存轩集·送礼部员外郎刘公复命序》。后以工费浩繁而罢。案：事见《旧京词林志》。定都北京以后，移贮文楼。案：文楼即今之弘义阁。嘉靖四十一年，选礼部儒士程道南等一百人重录正副二本，命高拱、张居正校理。案：事见《明实录》。至隆庆初告成，仍归原本于南京。案：事见《旧京词林志》。其正本贮文渊阁，副本别贮皇史宬。案：事见《春明梦馀录》。明祚既倾，南京原本与皇史宬副本并毁。今贮翰林院库者，即文渊阁正本，仅残阙二千四百二十二卷。顾炎武《日知录》以为全部皆佚，盖传闻不确之说。书及目录共二万二千九百三十七卷，与原序原表并合。《明

135

实录》作二万二千二百一十一卷，《明史·艺文志》作二万二千九百卷，亦字画之误也。考《明实录》载成祖谕解缙等称'尝观《韵府》《回溪》二书，案：《回溪》谓《回溪史韵》也。事虽有统，而采摘不广，纪载太略，尔等其如朕意，凡书契以来经史子集百家之书，至于天文地志、阴阳医卜、僧道技艺之言，备辑为一书，无厌浩繁'云云，故此书以《洪武正韵》为纲，全如《韵府》之体。其每字之下详列各种书体，亦用颜真卿《韵海镜源》之例。惟其书割裂庞杂，漫无条理，或以一字一句分韵，或析取一篇以篇名分韵，或全录一书以书名分韵，与卷首凡例多不相应，殊乖编纂之体。疑其始亦如《韵府》之体，但每条备具始末，比《韵府》加详。今每韵前所载事韵，其初稿也。继以急于成书，遂不暇（遂）〔逐〕条采掇，而分隶以篇名。既而求竣益迫，更不暇逐篇分析，而分隶以书名。故参差无绪，至于如此。然元以前佚文秘籍，世所不传者，转赖其全部全篇收入，得以排纂校订，复见于世。是殆天佑斯文，姑假手于解缙、姚广孝等，俾汇存古籍以待圣朝之表章，有莫知其然而然者，正不必以潦草追咎矣。今仰蒙指授，裒辑成编者，凡经部六十六种，史部四十一种，子部一百三种，集部一百七十五种，共四千九百四十六卷。菁华已采，糟粕可捐，原可置不复道。然蒐罗编辑，亦不可没其创始之功，故附存其目，并具载成书之始末，俾来者有考焉。新补。

缪荃孙《永乐大典考》《艺风堂文续集》卷四

《永乐大典》二万二千八百七十七卷，凡例目录六十卷，共为万二千册。明成祖永乐元年癸未九月诏学士解缙以韵字类聚经史子集、天文地志、阴阳医卜、僧道技艺之言为一书。越年奏进，赐名《文献大成》，与其事者凡一百四十七人。上览书嫌未备，复命太子少保姚广孝、刑部侍郎刘季篪与缙同监修；而以翰林学士王景、侍读学士王达、国子祭酒胡俨、司经局洗马杨博、儒士陈济为总裁；以翰林侍读邹辑、修撰王褒、梁潜、吴溥、李贯、杨觐、曾棨、编修朱纮、检讨王洪、蒋骥、潘畿、王偁、苏伯厚、张伯颖、典籍梁用行、庶吉士杨相、左春坊左中允尹昌隆、宗人府经历高得旸、吏部郎中叶砥、山东按察佥事晏璧为副总裁。中外宿师老儒充纂修，国学县学能书生员缮写，开馆于文渊阁，光禄寺给朝暮膳，（同）〔司〕事凡二千一百六十九人。六年戊子冬，书成，改名，冠以御制文序。姚广孝等进书表。并命复写一部镂诸梓，以永乐七年十月讫工，后以工费浩繁而罢。定都北京以后，移贮文楼。按：文楼即今之弘义阁。孝宗雅好读书，常置案头。嘉靖四十一年壬戌，禁中火，世宗亟命救出，申谕再四，幸未被焚。因选礼部儒士程道南等一百人，重录正副二本，命高拱、张居正校理。书手一百八名，每人日三叶，至隆庆改元始毕。仍归原本于南京。其正本贮文渊阁，副本别贮皇史宬。万历二十二年甲午，南京祭酒陆可教请分颁巡方御史校刊，议允未行。我世祖章皇帝万幾之暇，尝以是书充览，正本因留乾清宫。副本在皇史宬者，因恭藏《圣祖仁皇帝实录》，屏当书架，移贮翰林院。临川李穆堂侍郎绂在书局，首先借观。鄞县全谢山先生祖望时寓侍郎邸，因与侍郎定为日课，日尽二十卷。以所签分令四人钞之，一日所签，或至浃旬未毕，其难如此。会纂修《三礼》，谢山语总裁方望溪侍郎苞钞三礼之不传者。而副本缺失二千四百二十二卷，拟奏请发宫中正书补足之，亦未果。祁门马嶰谷曰璐、仁和赵谷林昱均为谢山致钞资，而谢山（既）〔改〕知县，未久于其事。钞出者，宋田氏《学易蹊径》二十卷、高氏《春秋义宗》百五十卷、曹粹中《诗说》、王安石《周官新义》、《刘公是文钞》、《唐说斋文钞》、史真隐《尚书》、《周礼》、《论语解》、《二袁先生文钞》、元窦苹《酒耕先生令谱》。今《周官新义》、〔《刘公是文》〕、《二袁先生文》均成书，（《刘公是书》）有传本，馀未闻。杭董浦世骏《续礼记集说》所采宋元人说，半出于《大典》。乾隆壬寅，诏修《四库全书》，大兴朱笥河学士筠请将《大典》中古书善本世所罕见者，择取缮写，各自为书，以复旧观。得旨允行。编入《四库》者三百六十五种，附存目者又一百有六种。第诸书辑散为整，考订不易，有业经辑出而（本）〔未〕及进呈者，如宋元两《镇江志》、《嘉泰吴兴志》、《嘉定维扬志》、《奉天录》、《九国志》之类，亦复不少。嘉庆丁巳，乾清宫灾，正书遂毁。而修《全唐文》时，大兴徐星伯先生松曾钞出《宋会要》五百卷、《中兴礼书》一百五十卷、《河南志》三卷、《秘书省续到阙书》二卷；仁和胡书农学士敬钞出施谔《临安志》十六卷、《大元海运记》一卷；孙文靖公尔准钞出仇远《山村词》。及道光戊子重修《一统志》，嘉兴钱心壶给谏仪吉曾奏请重辑《大典》未尽之书，谕竢《统志》修毕，再行核办。新安相国颇以为多事。迫《志》成，而西郵兵起，给谏亦降官，无人敢理此事矣。原书万馀册，恭庋敬一亭，蛛网尘封，无人过问。咸丰庚申，与西国议和，使馆林立，与翰林院密迩，书遂渐渐遗失。光绪乙亥，重修翰林院衙门，庋置此书，不及五千册。严究馆人，交刑部毙于狱，而书无着。余丙子入翰林，询之清秘堂前辈，云尚有三千馀册。请观之，则群睨而笑，以为若庶常习散馆诗赋耳，何观此不急之务为，且官书焉能借。迫丙戌，志伯愚侍读锐[1]始导之入敬一亭观书，并允借阅。每册高一尺六寸，广九寸五分，以至粗黄绢连脑包过，硬面，宣纸朱丝阑，每叶八行，每行大十五字，小三十字，朱笔句读，书名或朱书或否，乾隆间馆臣原签，尚有存者。前后阅过九百馀册，而余丁内艰矣。零落不完，毫无钜帙，钞出《宋十三处战功录》《曾公遗录》《顺天志》《泸州志》《宋中兴百官题名》《国清百录》诸书。癸巳起，复询之，则剩六百馀册。庚子钜劫，翰林院一段，

---

[1] "锐"原作大字，据缪荃孙《艺风堂文续集》卷四改。

皆划入使馆。旧所储藏，均不可问，《大典》只存三百馀册。正书早归天上，副本亦付劫灰，后之人徒知其名而矣。可胜叹哉！目录六十卷，山西灵石杨氏《连筠簃丛书》刻之。

上文曾登《社会日报》副刊《生春红》，今重为编次，并增入若干条明以来关于《永乐大典》之记载，略备于是矣。编者识。

原载于《北平北海图书馆月刊》第二卷第三、四号合刊
1929 年 4 月

版籍考

黄节

版籍之传于今亦驳矣。近世所尚，活版为捷，过此以往，镂版将殄绝，旧籍零落灰烬，遗传残阙，则讹误勿正。著书之家，朝成一编，莫登诸版，活版之书，行遍天下。书益多则益易得，而读者不知爱宝，斯亦国学之一大变也。

罗氏璧曰："古书自篆籀变而为隶，竹简变而为缣素，缣素变而为纸，纸变而为摹印。摹印便而书反轻，后生童子，习见以为常，与器物等，藏之者只美观而已。"由罗氏之言观之，则书益多，益易得，读者益寡，而藏者独多。以故后世藏书之家，倍于古人，则或剽窃古人为己有；而读书者之精审宏博，宋不如唐，唐不如汉。呜呼！学术兴衰万端，此亦其一也。

版籍之兴，第一期则为刊石；第二期则为镂版；至于活版行用，为第三期。言学术者，于此瞻兴衰焉。

刊石始自汉之一字石经。后汉熹平四年，蔡邕以经籍去圣久远，文字多谬，俗儒穿凿，疑误后学，奏求正定六经文字，灵帝许之。邕乃自书丹于碑，使工镌刻，立于太学门外。于是后儒晚学，咸取正焉。碑始立，观视及摹写者，车乘日千馀两，填塞街陌。此为刊石之始。其碑高一丈，广四尺，凡七十三碑，至晋而残毁已多。陆机《洛阳记》云："《书》《易》《公羊》二十八碑，其十二毁；《论语》三碑，其二毁；《礼记》十五碑，皆毁。"自后魏徙之邺，隋徙之长安，唐初石之亡者十九，而拓本犹存。《隋·经籍志》云："一字石经《周易》一卷、《尚书》六卷、《鲁诗》六卷、《仪礼》九卷、《春秋》一卷、《公羊传》九卷、《论语》一卷。"泊元时尚有存者，黄溍亦尝见之。及本朝乾隆时，黄易复得拓本一百二十七字，是为汉石经之仅存于今者。顾刊石之意，欲正六经谬误，而未刊石之先，其谬误则在兰台漆书。《宦者传》云："时宦者汝阳李巡，以为诸博士试甲乙科，争第高下，更相告言，至有行赂定兰台漆书经字，以合其私文者。"此盖由汉重制科，天下劝于禄利，乃赂改经字，以合私文。然则刊石之时，其谬误果悉正与否。在蔡邕亦不能自信，故石经之文与今文不同者殊多。黄伯思《东观馀论》曰："《书》：女毋翕侮成人。今本"女无侮老成人"。保后胥高。保后胥戚。女永劝忧。女诞劝忧。女有近则在乃心。今"近"作"戕"。女比犹念以相从。今作"女分猷"。各翕中。各设中。尔惠朕曷祇动，万民以迁。尔谓朕曷震动。天既付命。今"付"作"孚"。曰陈其五行。今"汩陈"。严恭寅畏，天命自亮，以民祇惧。今"亮"作"度"，"以"作"治"。

怀保小人，惠于矜寡。今"人"作"民"，"于"作"鲜"。毋
兄曰。无皇曰。则兄自敬德。"兄"作"皇"。且以前人之微言。
今作"徽言"。是罔显哉厥世。今"哉"作"在"。文王之鲜光。
今作"耿光"。通殷就大命。达殷集大命。《论语》：意与之与。
今"意"作"抑"。孝于惟孝。今"于"作"乎"。朝闻道夕死
可也。今"也"作"矣"。是鲁孔丘与？曰是。是知津矣。是
鲁孔丘与？曰是也。曰是知津矣。耰而不辍，子路以告，子抚然。
耰而不辍，子路行以告，夫子抚然。置其杖而耘。今"置"作"植"。
其斯以乎。其斯而已矣。譬诸宫墙。今"诸"作"之"。贾诸贾
之哉。今"贾"作"沽"。"凡此者皆有所不同。由今观之，
经学之谬误，在未刊石时已经窜改，迨既刊石后，已不胜
其异同，此汉之版籍其见诸刊石者可考也。

　　三字石经，乃刊于魏正始中，具古篆隶三体。戴延之《西
征记》曰："国子堂前有刻碑，南北行，三十五版，表里书
《春秋经》《尚书》二部，大篆、隶、科斗三种字，碑长八尺。
今有十八版存，馀皆崩。太学前石碑四十版，亦表里隶书《尚
书》《周易》《公羊传》《礼记》四部，石质𫞩，多崩败。"
则三字石经自晋后已多残缺，迨隋时而拓本所存《尚书》
九卷、《春秋》三卷，见《隋志》。至唐而只存《尚书》古篆三卷，
《左传》古篆十二卷，见《唐志》。至宋而残碑散失，或以为
砧，欧阳棐云："高绅为湖北转运使，道中闻砧声，因得石经残本于其覆，
已断裂矣。"或毁诸火。欧阳修《集古录》云："石经残石藏高绅家，
绅死，其弟以石质钱于富人。富人家失火，遂焚其石。"此魏之版籍

其见诸刊石者可考也。

晋裴頠为国子祭酒，奏修国学，刻石写经，则晋时亦有刊石。迨王弥、刘曜入洛，石经残毁凌夷。至于后魏，冯熙、常伯夫相继为洛州刺史，取之以建浮图精舍，遂使吉金贞石，颓落芜灭。神龟之初，崔光奏请明帝料阅碑牒所失，次第缮修补缀，竟不能行。嗟夫！后世推重托跋，以为中国不替，孝文之力。观于残毁石经，取建浮图，在元魏之初，则其时所谓兴学，效亦可睹矣。石经既毁，典籍益以讹谬。

唐开成初，郑覃奏请召宿儒奥学，校定六籍，准汉故事，立石太学。而丧乱之后，师法浸失，立石数十年后，名儒皆不之窥，以为芜累。盖其时所刊石者，《易》九卷、《书》十三卷、《诗》二十卷、《周礼》十卷、《仪礼》十七卷、《礼记》二十卷、《春秋左氏传》三十卷、《公羊传》十卷、《穀梁传》十卷、《论语》十卷、《孝经》一卷、《尔雅》二卷，都计《九经》并《孝经》《论语》《尔雅》《字样》等，综六十五万二百五十二字，然而讹谬窜脱之文且千百，顾炎武尝作《（石）〔九〕经误字》以正之，可考见也。

自天祐中韩建筑新城，而六经石本委弃于野。至朱梁时，有所补刻，大约其时所亡者：《春秋左氏传》文、宣两公，《穀梁传》襄、昭、定、哀四公，《仪礼·士昏礼》，故诸卷中"成""城"字皆缺末笔，而字尤滥恶，盖朱梁讳其父诚所改也。其后刘鄩守长安，有幕吏尹玉羽者，白鄠请迁故唐尚书省之西隅。宋元祐中，吕大忠又迁其石于西安府学。明嘉靖间地震碑倒，王尧惠等修补之，益大纰谬。是唐之刊石，一误于初勒之乖违，再误于朱梁之缮改，三误于王尧惠等之修补。夫六艺圣人不刊之籍，乃至任意窜改不复恤。顾炎武校其文字，谓其违弃师法。要之以私文殽合，行赂兰台，度未必无之。此又汉以后六籍之一大厄也。

五季之乱，孟氏保有剑南，百度草创，取《易》《书》《诗》《春秋》《礼记》《周礼》刊石，以资学者，世谓之后蜀石经。宋晁公武尝取后唐长兴镂板本校之，凡经文不同者三百二科，传注不同者不可胜纪。公武又谓："石本多误，而板本亦难尽从。"故公武有《石经考异》，以校经文之不同者，同时张宸有《石经注文考异》，以校注文之不同者。至是刊石与镂板，方有所雠校。虽然，在公武之世，亦只可辨其异同，而不敢决其正伪，如《尚书·禹贡》篇"梦土作乂"，《毛诗·日月》篇"以至困穷而作是诗也"，《左氏传·昭公十七年》"六物之占，在宋、卫、陈、郑乎"，《论语·述而篇》"举一隅而示之"、《卫灵公篇》"敬其事而后食其禄"之类，公武曰："凡此者未知孰是，不敢决以臆，姑两存焉。"然则刊石与镂板之异同，又权舆与此。

宋仁宗命国子监取《诗》《书》《易》《周礼》《礼记》《春秋》《孝经》刻石两楹，一行篆字，一行真字，是为宋刻石经。南渡之乱，荡然无存。然自唐而宋，刊石之异同寖多，莫衷一是。宋初以长兴板本为正，颁布天下，谓唐刻石本弗精，收向日民间所用刻石本，因是板本中有舛误者，无由参校。虽知其谬，犹以为官既刊定，难以独改。见晁公武《读书记》。其时考古之士，则视汉石经有如异宝，故屋壁所藏，残编断刻，收拾无遗。于是胡元质得一字石经四千二百七十字，得三字石经八百一十九字，镵石锦官之西楼。洪适辑《隶（辨）〔释〕》，以所得汉石经《尚书》《仪礼》《公羊》《论语》千九百馀字，镵之会稽蓬莱阁中，凡八石。苏望得魏三体石经《左氏传》拓本，取其完好者刻之，凡八百一十九字，是为私家刊石之始。盖自镂版既行，异同百出，讹误莫正。学者之风尚，一返诸信古，此私家刊石之所由来也。

南渡而后，高宗写《周易》《尚书》《毛诗》《春秋》《左传》全帙，又节《礼记·中庸》《儒行》《大学》《经解》《学记》五篇，刊石成均，谓之御书石经。蒙古南下，临安不守，完颜氏用元僧杨琏真伽之言，将取御书石经诸碑为浮图台，杭州推官申屠致远力争而止，然由是而诸碑残缺。逮有明正德之季，巡按御史吴讷收拾遗佚，得《易》八碑，《书》七碑，《诗》十碑，《春秋》四十有八碑，《论》《孟》《中庸》十有九碑，徙置之棂星门北。崇祯甲申国变，则《易》亡其六碑，《书》亡其一碑，其埋没于荆棘中者，不可复起矣。

虽然，石经自宋而后，传写益歧，考古者不复有异同之辨，第赏其书法而已。至明而刊石乃有伪本，则嘉靖间所传之魏正始石经《大学》也。考其书出自丰坊家，继海盐郑晓从黄相卿宅得其书，大为之表章。洎万历时，唐伯元遽疏请颁布学官，以易天下学者所习朱子章句本。其书不分章节，于"食而不知其味"下，增"颜渊问仁"二十二字，删"此谓知本""此谓知之至也""此谓修身在正其心"一十八字。郑晓且谓："魏政和中，诏诸儒虞松等为正《五经》。卫觊、邯郸淳、钟会等以小篆八分刻之于石，始行《礼记》，而《大学》《中庸》传焉。"毛奇龄曰："夫魏正始中虞松等校过石经，邯郸淳、钟会以古文小篆八分书之，魏固无'政和'年号也。且是时无卫觊名，觊乃卫瓘父，以太和三年死，死时虞松年十五，钟会方五岁，断不能同时作书。且钟会母张氏传称：'会十三颂《周礼》《礼记》。'则《礼记》之行，断不俟会之书而始行世。此其谬一。又唐伯元谓：'石经《大学》，虞松受之贾逵，逵父徽与其师杜子春俱受业刘歆。当汉武帝时，《周礼》出岩屋间，归秘府，五家之儒皆不可得见。至成帝时，歆始表而出之。其后逵官中秘，又著《礼记传义诂》及论难百馀万言，为学者所宗。于时友人郑众与逵各有解，而马融推逵独精，故逵解独行于世。'则定以为此本为贾逵所传。考《汉书·贾逵传》，逵但受《春秋》，为《春秋五家说》，并《周官传》，未尝受《礼记》为《礼记传义》。伯元借《逵传》旧文,影射立说。如'《周礼》出岩屋间'，即《周官》也；'五家之儒'，即《春秋》五家也；其为《传义诂》，即《春秋》之传义也。唐氏不明'五家'为何家，《周礼》何礼，谬加'礼记'二字于'传义'之上，固属诬妄。且当时有两贾逵，一在熹平间受《春秋》者，一在正始与虞松等同校石经者。若前之贾逵，则去松等远，不及授受；若在后之贾逵，则又焉得有马融相推、逵解独行之事？此其谬二。伯元既定石经《大学》为贾逵所传之本，又谓：'注疏《大学》乃郑玄受之挚恂、马融，而传自小戴圣，圣出自后苍、孟卿、萧奋，奋本之高堂古文。当时以非秘府藏，不得与录。'夫《礼记》出自高堂，固自可信。然并无高堂、刘歆两本兼行之事，且庆、戴三家皆立博士，而小戴所传，当时已著为经。其曰'非秘府不录'，又何以称焉？此其谬三。"自伪刊石经出，许孚远即谓好事者为之，王元美亦谓不可信，杨时乔刻《大学三书》以驳之，周从龙亦著《遵古编》以辨之。当时以此伪刊石经为一大要事，由是而唐氏之说卒不行。

顾当其时，更有石经《中庸》，亦出之丰坊家，自"民鲜能久矣"句后接"道其不行矣夫"通为一章，"辟如行远"章在"费隐"章后，"鬼神为德"章在"达孝"章后，颠倒章节，概少异同。盖石刻伪出，自宋以来，已开其风，如芜湖县篆书《易·谦卦》"谦"字二十馀，多构别体，至以"詽"代"谦"，不悟"詽"训多言，汝阎切；"谦"训敬，苦兼切。音义不同，相去千里，此诚后世不文者为之，而托名于李阳冰。又若宋时张　菊古文《尚书》石刻，晁公武尝称之，谓当时石已不存，而摹本亦未见传之人世。至明而有古文《尚书》石刻。盛熙明《（书法）〔法书〕考》曰："古文《尚书》乃后人不知篆者以夏竦《韵集》成，全不合古。"则有伪为<ruby>㻫<rt></rt></ruby>　所刻者矣。

夫寻其源流，版籍至于石刻，可谓繁重，而异同错出，讹窜乘之，后乃极于伪托。士生千载以后，读镂板书，其变换字诂、窜改章节，庸知得免。盖不俟活版行用，而文字固已多事矣。以上论刊石。

镂板之兴，自隋开皇间敕废像遗经，悉令雕板，_{据陆子渊《河汾燕闲录》}。此为印书之始。特其时崇奉释教，所印者盖浮屠经像，未及概雕他籍，故唐时复有选五品以上子弟入弘文馆钞书之举。柳玭《训序》言："在蜀时尝阅书肆，鬻字书、小学率雕本。"可见当时字书、小学，仅见雕本，已为奇观，而经传犹用传钞，未有镂板。后蜀毋丘俭[①]贫贱时，尝借《文选》于人，有难色，发愤异日若贵，当镂板以遗学者。后为相，卒践其言。则其时镂板尚未至于经籍也。后唐冯道、李愚奏吴、蜀之人，鬻印板文字，色类绝多，终不及经典。足见镂板之兴，自隋越唐，仅镂字书、小学、《文选》诸书，而不及经典，亦以为经典者立于学官，传于博士，虑以镂板故至犯异同耳。

〔后〕唐长兴三年，冯道等奏请依石经文字，刻《九经》印板。敕令国子监集博士儒徒，将西京石经本，各以所业本

---

① 　人名有误，当作毋昭裔，此盖沿王明清《挥麈余录》之误，按孙毓修《雕板印书考》："汲古阁刊本误作毋丘俭，《经义考》仍之。"

经句度，抄写注出，子细看读。然后顾召能雕字匠人，各部随帙刻印板，广颁天下。仍敕凡写经书者，并须依所印敕本，不得更使杂本交错。是为经籍镂板之始。然其时镂板虽兴，而《九经》雕印未遍也。汉乾祐初，国子监奏《周礼》《仪礼》《公羊》《穀梁》四经未有印板，则《九经》之缺良多，而传钞之本未广。迨周广顺三年，尚书左丞田敏等考校经注，援引证据，联为篇卷，先经奏定，而后雕刻。于是进印板《九经》，而《九经》之镂板始备。夫传钞之本，悉依镂板。既见之长兴新令，于后《九经》镂板颁行，而传钞之本悉废，是则今日言经籍者，悉据镂板。而镂板与传钞本之参考订正，以辨正讹是非，奉以为刊定之本，则莫始于田敏进献之《九经》。

《册府元龟》谓："樊伦为国子司业，其时田敏印板《九经》，书流行而儒官数多是非。伦掇拾舛误，讼于执政，又言：'敏擅用卖书钱千万，请下吏讯诘。'枢密使王峻为敏左右之，密讯其事，构致无状。然于其书，至今是非莫悉。"由是观之，则田敏印板之《九经》，当时已有舛误，而为儒官之所是非，至宋而未之能定。自是以来，更无有校定之者。

宋雍熙中，太宗以板行《九经》尚多讹谬，俾学官重加刊校。史馆先有宋臧荣绪、梁岑之敬所检《左传》，诸儒引以为证。祭酒孔维上言："其书来自南朝，不可案据。"

则当时传钞之本，寥寥无几；而刊校之事，亦几穷矣。

当是时，叶梦得有言曰："唐以前书籍皆写本，未有模印之法，人以藏书为贵，人不多有。而藏者精于雠对，故往往皆有善本，学者以传录之艰，故其诵读亦精详。自刊镂益多，士大夫不复以藏书为意。学者易于得书，其诵读亦因灭裂。然板本初不是正，不无讹误。世既一以板本为正，而藏本日亡，其讹谬者遂不可正，甚可惜也。"观于此则当时镂板之讹谬，传钞之散亡，无可刊校，亦可知已。

岳珂曰："《九经》本行于世多矣，率以见行监本为宗，而不能无讹谬脱略之患。盖京师胄监经史，多仍五季之旧，今故家往往有之，实与俗本无大相远。绍兴初，仅取刻板于江南诸州，视京师承平监本又相远甚，与潭、抚、闽、蜀诸本，互为异同。嘉定间，柯山毛居正奉敕取《六经》《三传》诸本，参以子史字书，选粹文集，研究异同，凡字义音切，毫厘必校，刊修仅及四经，犹以工人惮烦，诡窜墨本，以给有司，而误字实未尝改者什二三。"是故《九经》镂板，讹谬自田敏，而樊伦讼之，不获更正。其后一刊校于宋雍熙中，再刊校于嘉定中，犹未能正也。顾镂板虽兴，而惟《九经》印行，且镂板必在胄监，宋治平以前，犹禁擅镌，板本犹未大滥。亦惟其禁擅镌也，则民间无别刊之本，其误悉在胄监，而无可刊校。此又自秦以后，《九经》之一厄也。

音疏之镂板，则始于周显德二年，国子祭酒尹拙准敕校勘《经典释文》三十卷，雕造印板，是为音疏镂板之始。至宋端拱元年，司业孔维等奉敕校勘孔颖达《五经正义》百八十卷，诏国子监镂板行之。洎咸平二年，而《五经正义》始毕。三年，命邢昺等校定《周礼》《仪礼》《公羊》《穀梁传正义》，又重定《孝经》《论语》《尔雅正义》，凡一百六十五卷，命摹印颁行。于是《九经义疏》始备。故宋初印板，止及四千，而咸平、景德间，乃至十万，是时镂板之风始畅矣。虽然，其时诸经音疏之讹谬，犹复异同百出也。雍熙中，李至上言："本监先校定诸经音疏，其间文字讹谬尚多。盖前所遣官，多专经之士，或通《春秋》者未习《礼记》，或习《周易》者不通《尚书》，至于旁引经史，皆非素所传习。以是之故，未得周详。"由是观之，则诸经音疏之镂板，其讹谬又复可睹已。《宋史·赵安仁传》："国子监刊《五经正义》板，以安仁善楷隶，遂奏留书之。"宋椠多精书，即此可见。

史籍之镂板，则宋淳化中，以《史记》《前》《后汉书》付有司摹印始，其后胄监镂板，于经籍之外，复存史籍，故李心传云："绍兴九年，下诸道州学，取旧监本书籍，多残阙，《六经》无《礼记》，正史无《汉》《唐》。"则史籍之为胄监镂本，于此亦可见已，虽然，其讹谬犹是也。李焘云："自太宗摹印迁、固诸史，与《六经》并传，于

152

是世之写本悉不用。然墨版讹驳，初不是正，而后学更无他本可以勘验矣。”则史籍之误，犹之经籍。其后镂板日盛，《中兴馆阁续录》云："淳熙十三年，秘书郎莫叔光上言：'今承平日久，四方之人，益以典籍为重。凡搢绅家世所藏善本，外之监司郡守，搜访得之，往往镂板，以为官书。然所在各自板行，与秘府初不相关，则未必其书非秘府之所遗也。乞诏诸路监司郡守，（名）〔各〕以本路本郡书目解发至秘书省，听本省以《中兴馆阁书目》点对。如见得有未收之书，即移文本处取索印本，庶广秘府之储，以增文治之盛。'"自是而后，人自为书，家自为板，而私家镂板之善者，首推岳珂，岳珂传诸经二十三（年）〔本〕，专属本经名士，反覆参订，始命良工入梓，今所传《相台九经三传》本是也。而兴国于氏及建余氏本亦称善焉。其时秘阁书库，储藏诸州印板书六千九十八卷，皆民间及监司郡守之所镂也。

叶梦得曰："今天下印书，以杭州为上，蜀本次之，福建最下。"郎瑛云："宋时试策，以为井卦何以无象，正坐闽本失落耳。盖闽俗专事取利，书坊村夫，遇各省所刻书价高，便翻刻，卷数目录相同，而篇中多所减去，使人不知。故一部止货半部之价，人争购之。"此又有宋一代版籍良窳之一大较已。

金元之际，中原河朔，沦为异域。其时北方学者，传授板本尚寡，不能无事于手录。见《虞道园集》。世祖至元间，两括江西及杭州书籍板刻至京师，立兴文署，掌经籍板，皆收集宋馀。终元之世，胄监未有镂本。又诏书籍必经中书省看议过，事下有司，方敢刻印。故元代之板刻，视宋为减。明初，书板惟国子监有之。陆容曰："观宋潜溪《送东阳马生序》可见。"厥后分南监板、北监板。《南雍续志》云："西库见存《四书集注》板四百五十一面，《易经传义》板五百一十三面，《诗经集注》板三百四十二面，《书经集注》板三百二面，《春秋四传》板八百九十三面，《礼记集说》板七百一十八面；东库见存《论语集注考证》板五十面。"此南监板也。

《天下书目》云："北京国子监所藏经籍板，《周易》二十三片，《周易音训》二十五片，《书传》二百五十六片，又大字《书传》二十五片，《丧礼》一千二百八十三片，《论语》一百六十七片，《论语正文》一十八片，《论语集注》三十五片，《论语集义》六百二十七片，《孟子》二百片，《孟子集注》六十片，《孟子节文》五十六片，《中庸》七十八片，《中庸集义》二百八十二片，《大学》四十五片，《大学集义》二百三片。"此北监板也。顾其时北监所存《丧礼》板一千二百馀片，其后许敬宗等删去《国恤》，而《丧礼》遂残阙不完，民间又无镂板足以补之。以明视宋，不惟讹谬无以正，抑且缺失滋多矣。嘉靖五年，时建阳书坊刊本盛行，字多讹舛。巡按御史杨瑞等疏请专设儒官校勘经籍，诏遣侍读汪佃行诏

154

校毕还京，勿复差官更代。由是观之，明代镂板之政，视之若无甚轻重者，然此元明两代版籍盛衰之一大较也。

虽然，宋时镂板虽盛，而当明永乐间，文渊阁所存雕本十之三，钞本十之七。则当时自《九经》、诸史而外，其未经镂板者必多。而有明设科，专尚帖括。《四子书》《易》《诗》第宗朱子，《书》遵蔡氏，《春秋》用胡氏，《礼》主陈氏，其有稍别于学官所颁者，辄获罪戾。以是爱博者窥《大全》而止，不敢旁及诸家。秘省所藏，土苴视之，盗窃听之，百年之后，遂无完书。迨万历间诏校理遗籍，惟地志仅存。经典散失，寥廖无几矣。是当日文渊钞本之所存，已化为游尘野马矣。以上论镂板。

活板之兴，始自宋庆历中布衣毕昇。其法用（漆）〔膠〕泥刻字，薄如钱〔唇〕，每字为一印，火烧令坚。先设一铁板，其上以松脂、蜡和纸灰之类冒之。欲印，则以铁范置铁板上，乃密布字印，满铁〔范〕为一板，持就火炀之，药稍熔，则以一平板按其面，则字平如砥。常作二铁板，一板印刷，一板已（用）〔自〕布字，此印者才毕，则第二板已具，更互用之，瞬息可就。每一字皆有数印，如"之""也"等字每字有（一）〔二〕十馀印，以备一板内有重复者。不用则以纸贴之，每韵为一贴，木格贮之。有奇字素无备者，旋刻之以草，火烧瞬息可成。不以木为者，木理有疏密，

155

沾水则高下不平，兼与药相粘，不可取。不若燔土，用毕（载）〔再〕火令药熔，而其印自落也。此活板之所始也。夫活板之兴，始自宋时，而其用不甚（畅）（远），盖由变刊石之繁重而出于镂板。其时读书者犹知郑重一编，故明初收合宋金元之所遗，而钞本存者十七，时亦未有以活板著录者，仍重视版籍云尔。近世活板盛行，而镂板之事益衰。自今以往，版籍之讹谬，吾不知其纪极也。以上论活板。

连载于《国粹学报》第四十七、四十九期

1908 年 10 月、12 月

孙伯恒传

毛锐子 [1]

处此世事多变之时局，必生善变之人才以济之，而所谓人才者，非高官也，非伟人也。今中国四万万人，父诫其子，兄勉其弟，妻劝其夫，无非一求官之念而已，似舍官以外，不能得所谓人才，官少人多，乱机生矣。于作官以外而得一人才焉，孙伯恒是已。

孙伯恒者，现今不过一书贾而已，曷足以传之？然而中国正少此项人也，苟能多此什佰之孙伯恒，而实业界有起色矣。孙伯恒，名壮，初名庆长，伯恒其字也，号觉厂，别号守非，北京产也，原籍浙江山阴。溯今二十年前，惟专心攻八股八韵，兼及字画、雕刻，又好金石。其家固书香门第，多科甲中人，尤以其祖辈兄弟数人，皆成名进士，此志在功名之念所由来也。矩步规行，不如此则不文，此

---

① 毛锐子：原北京商务印书馆总经理。

当年士之一字之害人，不知误几许青年也。

丁酉，晤李道衡君，李固与孙对门而居也。李则志在洋务，孙虽与之交，而未尝以心交也。明年变法矣，李则劝其弃旧籍而改新图，孙犹未以为然也。孙君应童子试，若试以八股八韵，固可列入秀才，然所试非所习，卒不获售。既而大悟习科举之非，潜心新学，不数月而思想一变，此为常识过人。是年，北京初设京师大学堂，试之而列三等，归入附课生，盖遇额即补入正额，随班听讲，匪一朝夕。然彼时之大学，仅属初创，不若同文馆之专门语言，孙君志在兵学，以为不如考同文馆，果及第，遂习德文，将来可往德国习兵学。

庚子，拳匪变起，同文馆焚，联军入京，居者潜避，途为之塞。君曰："天下滔滔，宁有乐土？"遂不逃。然磬悬之家，胡以生活？家中虽有字画书籍，岂偃武修文之时代，谁复用之？适闻某军以抢掠字画书籍，心窃异之，殆亦一种文明佳话欤，又闻联军各营中，且有收买古字画之说。君好奇，与李君约同往，以少许字画而试其端，虽给价不优，然舍此无以求糊口计，友辈以字画求代售者亦有之。红尘十丈之中，遇一人而与孙君订交，其人名金圣文，韩之巨族而落泊者也，组织大成商会。时北京乏盐，而天津之芦盐，握于外人之手，无敢卖之以运至北京者，金君遂运盐，孙君助之。

前年冬，与李君及日友林宽二郎者，三人创东亚学堂，即以北城崔宅为校舍，因风气不开，学生三二人耳，遂停，厥后始有中岛之东文学社焉。君又感于北京社会，无普通智识，即以拳匪之祸，亦智识不完之一证也，于是又创幻灯电影于西河沿，然当时一般人不明电影为何物，而恐有危险，不敢往观。

翌年，联军退矣，永定门外所修之铁路，占有墓地甚多，而限期移棺，逾期则代为迁葬，白（首）〔骨〕盈野，古今同慨。大兴冯公度君，孙君之业师也，首出资以组织掩埋尸骨会，孙君力供奔走，为之掩骨，为之树标，古人云"泽及枯骨"，得毋类是？旋又与川友王伯勤君创德文学社，君之志在德文，始终未一日忘也。又与京友李雨农君设万茹书局，运售新书，以开风气。时李道衡君亦自汴梁归，彼亦利用秋闱，携各种新书，自营书业，士而兼商。携所馀之书入京，万茹书局乐而购之，一时东城人士之购书者，不必往琉璃厂矣。

冯公度君创办公慎书局，因经理无人，遂邀孙君往。冯君抱有大志，以为京师改观，不可无电灯，世界宁有黑暗都城也耶？于是组织电灯公司，而孙君亦助力甚多。次年，与日友平山雅二郎组织普济医院。又曾充驻北京法国参赞之文案，兼华语教授，又为日使署教员及某公司之教员，而于外国使署之情形，亦颇知之。

乙巳秋，沪友夏粹芳君、张廷桂君来京，接办官书局，孙君正组织政报事务，由冯君介绍，而充该局副经理。是年十月，上海商务印书馆将设分馆于京师，孙君乃就分馆经理。丙午正月开馆，迄今十一年矣，各分馆之事务，以北京为最繁，而各分馆之成绩，则以北京分馆之营业为最优。六月，美国教士李提摩太君拟撰教约，孙君以其有关民教前途，乐于从事以襄赞之，李提摩太君酬以金钱，坚拒不受，李提摩太曰："君之勤敏清廉，不愧为青年模范矣。"十一月，京师督学局聘充劝学董事。

戊申秋，各省绅商学界联名请清政府速开国会，以救危局，京师举孙君为代表，国会请愿同志会举孙君为干事，又充京师教育会会员。己酉，直隶教育会举充组合员。四月，又充京兆咨议局选举监察员。六月，公举为外城右一区、右二区自治会议董。十一月，充自治研究所学员。庚戌，北京市政会举为议员，与绅商创办安平小学校。七月，自治区域规定公举为外城右三区议事会议长。辛亥，地方自治董事会举为名誉董事。张季有、张菊生二公在北京组织全国教育会，公举君为干事。

八月，武昌革命起矣，北方摇动，君曾语人曰："凡人皆是良民，所患者无衣食耳，苟无衣食，良民即乱民也。北京为人烟辐辏之区，而下级人不可胜计，如人力车夫及各工厂工人，倘以时局而废业，斯即地方之害。况去庚子未久，庚子年因乱而骤富者多，一旦乱机已伏，则抢劫焚毁之事，诚不能免，况更有鉴于前车！当庚子后，恒有人言：‘再有庚子，我一定发财。’是人人有希乱之心，盖藉此而可遂其发财之志望，是不得不预防。”于是孙君倡办商团，分区画限，各募丁壮。时有旗官某某者，疑为革命派所运动，多方阻挠，几加以陷害，不得已而求史康侯侍御奏准，方能开办。先自外城入手，闾阎为之又安，迨至壬子正月十二日兵变，惟琉璃厂一带未遭兵燹者，商团之力也。

三月，京奉铁路将勘修支路以达南苑，所测量经过地方，侵占茔地颇多，孙君有感于昔年掩埋尸骨会之事，不忍九原白骨，复形暴露，乃提出抗议书于董事会，呈请大总统令局员重勘，因而保全坟墓青苗者不少矣。癸丑，组织书业商会，既而学务局通俗教育调查会聘孙君为会员，兼充调查股主任，斯时北方学者组织北学社，专任以编小学用书。甲寅，美国巴拿马赛会直隶出品协会聘充协赞员。乙卯，教育部另设通俗教育研究会，聘充小说股干事，又模范讲演所聘充评议员，北京国货展览会出品协会聘充协赞员兼审查员，又北京之京都市工商改进会聘充评议员，农商部国货展览会聘充审查员。丙辰，京师教育会举为编辑股干事。

总观孙君半生以来，一善变之人才也，自旧学一变而入于新学，经历之多，更仆难数，虽兼充各名誉职，然不涉政治，只以振兴教育、提倡实业、维持社会、鼓吹道德为宗旨，至今北方人士，不知孙伯恒之名者，殆亦鲜矣。其为人也，孝以事亲，信以待友，勤以治事，俭以持家，处兄弟、家庭、亲族、乡党，无有间言者。无嗜好，未尝涉足花丛及种种赌博。著述已刊行者，有《北京风土记》《古泉考略》《版籍丛录》等，富于存古性，金石、书画、雕刻等，保存甚多。

原载于《中国实业杂志》第七年第六期

1916 年 6 月

挽孙伯恒

张元济

维摩示疾逮三春，依旧音书往复频。报道一阳已来复，新机徐转待针神。前两个月得君信，云延西医诊治，施用针药有效。

如何已见神山面，又被罡风忽引回。最痛知交零落尽，相将携手赴泉台。前日伍君昭扆下世，今君又继之。

有儿负笈正求学，有女及笄迟相攸。知君此去难抛却，有弟承担且莫愁。乾三令弟来，备述君身后事。言责无旁贷。

惠我墨丸香与麝，报君纸箧丑涂鸦。故人珍重遗笺在，每一寻看泪落麻。此最近事。往来音信，尚未入箧，实不忍读也。

据《张元济全集》第四卷转录

约作于 1943 年 6 月

后　记

　　2021 年，笔者搜索"民国期刊全文数据库"时，不仅搜到孙毓修的《中国雕版印书源流考》（商务印书馆办《图书汇报》1913—1916 年连载，即《中国雕板源流考》的前身），而且发现时任商务印书馆北京分馆经理的孙壮，于 1915—1918 年的《都市教育》杂志上连载其辑录的版刻学资料《版籍丛录》。在 20 世纪前二十年，前有黄节的《版籍考》，后有撰写和刊行年代大抵相近的叶德辉《书林清话》和孙毓修《中国雕板源流考》，而孙壮的《版籍丛录》在同时代的版本目录学著作中鲜有人问津。推其原因，一方面是由于《版籍丛录》仅发表于杂志之上，未被汇编刊行；另一方面则是由于孙壮提倡实业，用心于商务印书馆北京分馆之经营，又耽玩于金石、书法，故其藏书校勘之能，不及治事、翰墨之名。

　　孙壮辑录《版籍丛录》是受其所处时代学术氛围影响所致，也许是受了日本岛田翰《古文旧书考》出版之激发。

20世纪伊始，包括叶昌炽、黄节、孙毓修、雷瑨、叶德辉等在内的藏书家们，或出于兴趣，或志于学术，都不约而同地从目录学、版本学、校勘学的角度，对其所藏之书或经眼之书进行整理，成果丰硕，推出了包括《藏书纪事诗》《版籍考》《中国雕板源流考》《懒窝笔记》《书林清话》等著述。此次，我们对孙壮《版籍丛录》及其相关著述的整理只是零光片羽，以期抛砖引玉，希望有更多当代学者参与到对20世纪前二十年版本目录学文献著述的整理工作中，并为这场自发出现而形成群体性规模的学术活动做出恰如其分的评价。

本书受北京印刷学院"国家级一流专业——编辑出版学专业建设"经费资助。经笔者策划和组织，北京印刷学院新闻出版学院研究生徐源、张安格、郭星秀、郭瑜、周雷雷承担了资料整理和文字识别工作，并由周雷雷进行汇稿和校对，复旦大学古籍整理研究所研究生郑凌峰详加校勘和执笔前言。

中华书局《中国出版史研究》编辑部副主任张玉亮老师为此书做了审读。笔者已经出版的《高凤池日记》和即将出版的《中国雕板源流考汇刊》也都得益于张玉亮老师的热情约稿。

本书的出版得到西苑出版社赵晖社长的大力支持，责任编辑樊颖老师为本书的出版不仅提供了宝贵的专业意见，而且题写了书名。在此一并致谢。

在成书过程中，笔者还曾参访孙壮先生的故居并拜访孙壮先生的文孙孙旭升先生，力图透过史料还原孙壮先生其人其事。然年代久远，资料欠缺，对孙壮的研究还有待继续深入，望有识之士予以支持。笔者学力有限，对书中的不足之处，敬请方家批评指正！

明年是孙壮先生逝世八十周年，特以此书纪念之。

北京印刷学院新闻出版学院教授 叶新

2022 年立秋后于京南鸣秋轩